化学工业出版社"十四五"普通高等教育规划教材

仪器分析实验

高庆宇　吕小丽　主编

化学工业出版社

·北京·

内容简介

本书注重实验方法和实验技能的提升，通过基础性、综合性和创新性实验三个层次的实验，培养学生的动手及创新能力。全书共六十八个实验，内容涉及色谱分析、电化学分析、原子光谱分析、分子光谱分析、核磁共振波谱分析、质谱分法、热分析、表面分析以及联用技术分析等。

本书可作为化学化工类、材料类、环境工程类、生物工程类和矿业地质类等专业的教材，也可供相关科研工作者参考。

图书在版编目（CIP）数据

仪器分析实验 / 高庆宇，吕小丽主编．-- 北京 ：化学工业出版社，2025. 7. --（化学工业出版社“十四五”普通高等教育规划教材）. -- ISBN 978-7-122-48334-8

Ⅰ. O657-33

中国国家版本馆 CIP 数据核字第 2025YE1146 号

责任编辑：李　琰　宋林青　　　装帧设计：韩　飞
责任校对：李雨函

出版发行：化学工业出版社
（北京市东城区青年湖南街 13 号　邮政编码 100011）
印　　装：三河市君旺印务有限公司
787mm×1092mm　1/16　印张 11¼　字数 268 千字
2025 年 9 月北京第 1 版第 1 次印刷

购书咨询：010-64518888　　　售后服务：010-64518899
网　　址：http: //www. cip. com. cn
凡购买本书，如有缺损质量问题，本社销售中心负责调换。

定　　价：35.00 元

前 言

仪器分析实验在化学、化工、材料、环境、生物等专业人才的培养过程中是必不可少的专业基础课程，有助于学生掌握先进的仪器分析实验技术和技能，培养学生的创新意识，提高学生分析问题和解决问题的综合能力。

随着科学技术的发展，各种先进的分析方法和实验手段不断涌现，仪器分析实验课程的内容也不断改革、丰富和更新。二十多年来，在为应用化学、化工、能源化学等专业开设仪器分析课程的同时，结合前沿科学研究、能源资源学科特色和同类院校的教学经验整理编写而成此书。

全书共十章，包含了色谱分析、电化学分析、原子光谱分析、分子光谱分析、核磁共振波谱分析、质谱分析、热分析、表面分析以及联用分析等，共六十八个实验项目。每一章开头都简明扼要地介绍了这类分析方法的基本原理、仪器基本构造以及开设实验内容等，使学生在掌握基本实验原理、方法和技术的同时，深层次理解仪器分析理论知识，培养学生发现问题和解决问题的能力。实验内容和方法的更新，能够使学生既能掌握经典的分析方法，又能了解仪器分析的最新发展与应用。

本书编写在内容上注重实验方法和实验技能的提升，每个实验均由实验目的、实验原理、仪器与药品、实验步骤、数据记录与处理和思考题等内容组成。为了培养学生分析问题和解决问题的能力，本书安排了基础性、综合性和创新性实验，保证了该书有较广的适用性，同时注重以下内容。

（1）各种分析仪器的基本操作方法、基本参数的设定和仪器的调试，不同实验方法的对比等，加强学生对仪器使用、基本测定方法及适用范围的理解和认识；

（2）涵盖多种分析仪器及联用，引入了近年来新的实验仪器分析方法，考虑到科学技术的发展，尽量多安排涉及研究级层次精密仪器的实验；

（3）考虑专业特色，注重实际应用，润物无声地植入绿色环保、理论联系实践、三全育人，培养学生创新精神、工匠精神等。

本书的作者都是我校在教学一线且具有丰富教学经验的优秀教师，高庆宇、吕小丽为主编，马娟、袁玲为副主编。具体编写分工如下：第一、

二、六、七章由吕小丽和胡影编写，第三章由潘长伟和高庆宇编写，第四章由郑菊花和董彬编写，第五章由马娟和吉琛编写，第八、十章由高庆宇编写，第九章由袁玲和王虹编写。全书由吕小丽和马娟统稿，后经高庆宇审阅。

在本书编写过程中，得到了中国矿业大学的关心和支持，同时，本教材相关内容参考了一些优秀的教材、专业书籍和科技文献，在此一并表示衷心感谢。另外，感谢化工学院彭耀丽教授在本书的编写过程中给予的关心和支持。

由于水平所限，书中有疏漏之处在所难免，敬请广大读者批评指正。

编者

2025 年 4 月

目录

第一章 仪器分析的一般过程

第二章 色谱分析

第三章 电化学分析

第四章　原子光谱分析

第五章　分子光谱分析

第六章　核磁共振波谱分析

第七章　质谱分析

第八章　热分析法

第九章　表面分析法

第十章　联用分析法

参考文献

第一章　仪器分析的一般过程

第一节　实验样品的采集

实际工作中，分析样品是各式各样的，因此试样的采集和预处理的方法也各不相同。

分析测定所需要的试样量一般较少，几克、几百毫克或更少，实际工作中，可供测定的物料通常是大量的，其组成有的均匀，有的很不均匀。试样采集的目的就是从被检的总体物料中取得具有代表性的样品，通过对样品的检测，得到在误差允许范围内的数据，从而求得被检物料的某一特性或某些特性的平均值。采样要求所取得的试样具有代表性，即试样的组成和被分析物料整体的平均组成一致。如果所采样品不具备充分的代表性，那么使用再先进的仪器设备、采用再精确的测试手段、得到再准确的分析结果也都毫无意义。进行采样时一定要根据分析对象的性质和特点，如分析对象的状态、数量、均匀程度等，综合分析，制定合理的采样方案。

下面介绍几种类型试样的采集方法。

(1) 气体试样的采样

气体试样包括大气、工业排气、汽车尾气和压缩气等，气溶胶中固体颗粒物的采样也属于气体采样。

气体样品的均匀性相对较好，但要进行污染监测时，应根据影响污染物在空间分布的因素，合理分配采样点的位置与数目。另外在气体样品取样时，需防止样品的污染。

气体取样装置由取样探头、试样导出管和贮样器组成。取样探头应伸入输送气体的管道或贮存气体的容器内部。贮样器可由金属或玻璃制成，也可由塑料袋制成，大小、形状不一。气体采样装置有时还需要配备流量计和简单的抽气装置。可用流量计测量所采集气体的体积，常用电动抽气泵做抽气装置。

(2) 液体试样的采样

液体样品包括溶剂、饮料（如牛奶和果汁）、自然界样品（如湖水、河水、海水以及雨水等）、体液（如血液、尿液和脑髓液等）、悬浮液（如各种口服液）等。

液体样品一般比较均匀，采样比较容易，采样数量也可以较少。但某些组分也有可能存在不均匀。例如，在湖水表面和一定深度处，湖水中的含氧量有可能相差1000倍。因此液体试样的采集也要注意采样代表性。

对于装在大容器中的液体试样的取样，采用搅拌器深入到容器底部充分搅拌，然后用内径约 1cm、长 80～100cm 的玻璃管，在容器的各个不同深度和不同部位取样，经混匀后供分析。对于密封式容器中的试样，先将前面的部分弃去，再接取部分作分析试样。对于一批中用几个小容器分装的液体试样，先分别将各容器中试样混匀，然后按该产品规定取样量，从各容器中取近等量试样于一个试样瓶中，混匀供分析。对于水管中样品，应先放去管内静水，取一根橡胶管，其一端套在水管上，另一端插入取样瓶底部，在瓶中装满水后，让其溢出瓶口少许即可。对于河、池等水源中样品，在尽可能背阴的地方，离水面以下 0.5m 深，离岸 1～2m 处取样。

在采集液体样品时，还必须注意容器的材料。例如，分析有机物、杀虫剂和油污时，由于这些物质可与塑料反应，应该选用玻璃容器；分析痕量金属离子时，由于玻璃容器对金属离子有吸附作用，应该选用塑料容器。

(3) 固体试样采样

固体物料种类繁多，如矿石、金属材料、天然产物、化工原料以及生物组织等，状态包括颗粒、块状、粉末和膏状等。固体物料的成分分布通常不均匀，因此采样应重点关注采集试样的代表性。不同来源的样品，采样方式也有所不同。固体样品在保存过程中有可能发生化学组成的变化，如挥发性物质的损失、生物降解以及发生氧化还原反应等。在样品的保存过程中应采取措施，避免环境条件对样品的影响。

粉状或松散样品如精矿、石英砂、化工产品等组成较均匀，可用探料钻插入包内钻取。金属锭块或制件样品一般可用钻、刨、切削、击碎等方法，按锭块或制件的采样规定采取试样。如无明确规定，则从锭块或制件的纵横各部位采样。对于大块物料样品如矿石、焦炭、块煤等，不但组分不均匀，而且其大小相差很大。所以采样时应以适当的间距，从各个不同部位取小样，原始样品一般按全部物料的千分之一至万分之三采集小样，对极不均匀的物料，有时取五百分之一，取样深度在 0.3～0.5m 处。

实际上不可能把全部样品都加工成为分析样品，因此在处理过程中要不断进行缩分，采用四分法，即将样品混匀后堆成锥状，然后略为压平，通过中心分成四等份，弃去任意对角的两份。由于样品不同粒度、不同密度的颗粒大体上分布均匀，留下样品的量是原样的一半，仍然代表原样的成分。

具有足够代表性的样品的最低可靠质量，按照切乔特公式进行计算：

$$Q=kd^2 \tag{1-1}$$

式中，Q 为样品的最低可靠质量，kg；k 为根据物料特性确定的缩分系数，与物料的均匀程度和易破碎程度有关，k 取值一般为 0.020～0.15；d 为样品中最大颗粒的直径，mm。样品的最大颗粒直径 d，以粉碎后样品能全部通过的孔径最小的筛号孔径为准。

缩分的次数不是任意的。每次缩分时，试样的粒度与保留试样之间，都应符合切乔特公式，否则就应进一步破碎，才能缩分。如此反复经过多次破碎缩分，直到样品的质量减至供分析用的数量为止。然后放入玛瑙研钵中磨到规定的细度。试样的分解难易不同，一般要求通过 100～200 号筛。

(4) 特殊试样的处理方法

有些试样，由于本身性质不够稳定或受环境的影响，其组成容易发生变化。对于这类特殊试样，在采样后需进行一定的后处理，以保证待测组分含量不变。例如水样，对于一般水样，采样和分析的时间间隔愈短，分析结果愈可靠。对于某些物理性质和组分的测定，以进行现场分析为宜，因为在放置期间内其可能发生变化。一般认为，各种水样允许的放置时间如下：清洁水为72h，污染水为48h，严重污染水为12h。水样如不能及时进行分析，则针对不同的被测组分，应加入不同的保护剂或建立不同的保存条件进行保存，以防止在保存时间内，组分由于挥发、吸附、细菌分解等而发生变化。例如在测定水样中的金属含量时，加入适量的硝酸可防止金属离子沉淀或被容器壁所吸附；测定水样中的油脂、化学需氧量(COD)时，加入硫酸可抑制细菌的分解作用；在测定水样中氰化物、硫化物时，氢氧化钠的加入可阻止这类物质的挥发损失或细菌的分解作用；对于有机物、生化需氧量(BOD)、色度等项目的测定，冷藏保存(4℃)可减慢反应速率，有利于待测物质的保存，有时还可采用加络合剂、加防腐剂以及暗处贮藏等手段来保存水样。

气样采集后，一般要求立即分析，但有些项目，受条件的限制，不能立即进行，可以放入冰箱中(4℃)保存。也可以用固体吸附剂富集采样的方法把大气中的被测组分吸附富集在采样管中，密封管口，则可在相当长的时间内，使有关成分保持不变。例如，用活性炭管采集空气中的苯蒸气，采样后的富集管密封放置两个多月，其含量稳定不变。

土样和生物样品在放置过程中，往往会发生氧化、生菌、酶变等。通常需要根据它们作用的不同，备选一种或几种方法进行保护。例如测定土壤中金属元素的不同形态和价态时，必须控制其氧化作用。一般可采用低温(4℃)或在氮气氛中保存的方法；又如为了防止细菌的侵蚀，土样可用紫外线或γ射线灭菌，生物试样可加入防腐剂(苯甲酸钠、氯化汞等)；由于酶的作用，生物样品中的金属形态发生变化或有机物和农药发生降解，采用冷冻干燥的方式可抑制酶的作用。

采集好的样品应尽快进行预处理与分析检验，否则要把样品放在干燥器中或冰箱中保存，以保证测定结果的可靠性与真实性。

第二节　样品的预处理

一、分析样品预处理的原则

分析测试中，大多数样品组成复杂，由于各种干扰组分的存在，无法直接分析测试，必须通过预处理和分离过程，将被分析组分与干扰组分加以分离。样品分析全过程大致包括样品采集与制备、样品分解、样品净化、进样和样品测定五个环节，广义而言，前三步都属于样品前处理。但对于分析工作者而言，主要涉及的是样品分解和净化两个环节，这就是狭义的样品前处理，即将待分析的原始样品处理成能够进行仪器分析的状态，绝大多数情况下是处理成溶液。

选择合理的样品分解方法，可使分析手续大大简化，使分析方法的适应性、准确性大大提高。

样品预处理的原则：①保证样品中的被测元素全部定量地转入试液，即样品分解要完全；②避免样品处理过程中引入干扰元素，同时要有利于除去干扰元素；③不能使待测组分在分解过程中有所损失；④分解方法要尽量简便，易操作，经济、迅速、安全，尽量减少对环境的污染；⑤便于成批处理试样。

要找到合适的样品处理方法，必须深入了解：①被测元素及其化合物的物理化学性质；②被测元素在样品中的含量范围、赋存形态；③样品基体组成和性质；④最终采用的测试方法和技术。

样品处理过程中的一个重要问题就是要防止沾污。污染是限制灵敏度和检出限的重要原因之一，主要污染来源是水、大气、容器和所用的试剂。即使最纯的离子交换水，仍含有 10^{-11}～10^{-9} 的杂质。在普通的化学实验室中，空气中常含有 Fe、Cu、Ca、Mg 和 Si 等元素，一般来说，大气污染是很难校正的。容器污染程度视其材质、使用经历而不同，且随温度升高而增大。要根据测定的要求选择容器，容器必须洗净，对于不同容器，应采取不同的洗涤方法。

避免损失是样品处理过程中的又一个重要问题。浓度很低（小于 1μg/mL）的溶液，由于吸附等，一般说来是不稳定的，不能作为储备溶液，使用时间最好不要超过 1～2 天。储备溶液应为浓度较大（例如 1000μg/mL 以上）的溶液。无机储备液或试样溶液放置在聚乙烯容器里，维持必要的酸度，保存在清洁、低温、阴暗的地方。有机溶液在储存过程中应避免与塑料、橡胶瓶盖等直接接触。

二、不同样品的预处理方法

（一）无机组分样品预处理方法

无机组分预处理方法（制样方法）可以分为不破坏基体的制样方法与破坏基体的制样方法两大类。前一类制样方法有稀释法、浸取法、乳化法和悬浮液法。后一类制样方法主要包括样品的消解法。

1. 不破坏基体的制样方法

（1）稀释法

选择合适的稀释剂对样品进行稀释后直接测定，是一种最简单的制样方法。稀释法制样适用于基体组成比较简单、易溶于水或有机溶剂的一类样品。合理的稀释比取决于试样中被测元素的含量、测定方法的检出限以及样品的组成。常用的稀释剂有去离子水、稀酸和有机溶剂。其优点是不需要进行费时的化学处理，分析速度快，避免了试样分解过程中可能引起的沾污和损失。缺点是可能增加基体干扰，导致灵敏度降低。为消除基体干扰，可在稀释剂内加入干扰抑制剂或化学改进剂。

（2）浸取法

使用选择性浸取剂将样品中的某一种或某几种元素，或元素的某种形态提取出来进行分析。浸取的效率取决于被浸取元素、样品基体、样品粒度、浸取液种类和浓度、浸取时间以及浸取温度等。

(3) 乳化法

乳化法是先用有机溶剂溶解油脂类样品，再加入乳化剂制成乳化液，可直接测定乳化液。其优点是样品预处理操作简便快速，允许进样量较大。

(4) 悬浮液法

悬浮液法又称为悬浊液法，是将固体样品先制成悬浮液，再用悬浮液直接进样测定。悬浮液的稳定性对分析的精密度和准确度有重要的影响，制备足够稳定的悬浮液是获得良好分析结果的关键。本法的优点是不需消解样品，简化了麻烦费时的样品前处理，克服了标样来源困难的问题，减少了被测组分损失和沾污的可能。但进样的精密度和准确度不易保证。悬浮液制样法适用于基体复杂和难以消解的样品。

2. 破坏基体的制样方法

在大多数情况下，供试样品都需要进行消解，破坏基体，转为溶液，使被测元素转化为适于测定的形式。消解样品的方法有碱熔法、燃烧法、干灰化法、湿消解法和微波消解法等。

(1) 碱熔法

碱熔法是用碱熔剂与样品混合，在高温下熔融分解样品，然后用合适的酸（通常是盐酸或硝酸）溶解，有时还加入某种络合剂溶解，所得到的溶液作为试液。通常使用混合熔剂，如碳酸钠＋过氧化钠、碳酸钠＋硼酸钠等，其中一种碱起助熔剂的作用。常用的碱熔剂有过氧化钠、氢氧化钠、氢氧化钾、碳酸钠、碳酸钾和碳酸锂等。

碱熔法的主要优点是熔样速度快，熔样完全，特别适用于元素全分析；各种氧化物、磷酸盐、硅酸盐、氟化物以及耐火材料、玻璃和陶瓷类样品都可熔融分解。碱熔法的缺点是在测试时熔融样品引入大量的碱熔剂，导致干扰的出现。碱熔法不适于制备测定汞、硒、铅和砷等易挥发元素的样品。

(2) 燃烧法

燃烧法是将样品置于充有常压或高压氧的密闭容器中进行燃烧，被测元素转化为氧化物或气态化合物被吸收液吸收，作为试液。燃烧法多用于含硫、卤素和痕量元素的有机化合物样品，通过燃烧，有机物迅速氧化分解。其优点是被测元素没有挥发损失，除吸收液外不消耗试剂，空白值低，不污染环境。

(3) 干灰化法

干灰化法是在一定气氛和一定温度范围内加热，灼烧破坏有机物和分解样品，将残留的矿物质灰分溶解在合适的稀酸中作为测定的试样。干灰化法操作简单，无试剂沾污，空白值低，容易根据测定方法的需要灵活地选择溶解灰分的酸及其用量。干灰化法分为高温灰化法和低温灰化法。

① 高温灰化法　高温灰化法是将样品置于合适材质的坩埚中，在电热板上慢慢灰化样品，然后放入高温马弗炉中，根据样品类型的不同慢慢升温分解样品。灰化温度一般控制在

500～600℃，少数样品可提高至800℃。当测定样品中挥发性元素时，灰化温度应低于500℃，有时还需加入灰化助剂，以提高灰化温度。灰化时间的长短主要取决于样品的种类和样品量，一般控制在4～8h。

高温灰化法的优点是灰化样品量大，但容易造成汞、镉、砷、锑、铋、铅和硒等元素的挥发损失。铬、铜、铁、镍、钒、锌等也会以金属、氧化物、氯化物或有机金属化合物的形式挥发损失，损失的程度取决于元素及其在样品中的存在形态，也受灰化温度和灰化时间的影响。它适用于测定生物组织中不易挥发的元素，尤其是难熔元素。

② 低温灰化法　低温灰化法又称为等离子体灰化法，是在高频电场中将通至反应器中的低压氧气激发成为低温、低密度等离子体，其中的原子态氧接触有机试样，使有机物缓慢分解，灰化温度一般在100～200℃间。

灰化速度与等离子体的功率、流速和样品量等有关。灰化时间取决于样品性质和样品量，一般4～8h。低温灰化法的优点是可减少沾污，避免挥发损失。该方法特别适用于处理需测定硒、砷、锑、铅和镉等较易挥发元素的生物样品和有机聚合物样品。

(4) 湿消解法

湿消解法是用适当的酸或混酸分解样品，使被测元素形成可溶性盐。每一种酸对样品中某一或某些组分的溶解能力，取决于酸与样品基体及被测组分相互作用的性质。

一种样品通常含有多种组分，只用一种酸有时不能完全分解样品，因此，经常使用含酸混合物（混酸、酸＋氧化剂、酸＋催化剂）消解样品，如 $HNO_3+H_2SO_4$，HNO_3+HClO_4，HNO_3+HCl，HNO_3+HF，$HCl+H_2O_2$，H_2SO_4+HF，$HNO_3+H_2SO_4+HClO_4$，$HNO_3+H_2SO_4+H_2O_2$，$H_2SO_4+HNO_3+V_2O_5$，$HCl+HNO_3+HF+H_2SO_4$ 与 $HCl+HNO_3+HF+HClO_4$ 等，以充分发挥不同酸和试剂的协同作用，有时还加入Mo(Ⅵ)或V(Ⅴ)等催化消解，以加快消解速度，保证试样分解完全。选择何种消解体系取决于样品的种类、基体和被测元素的性质。

对于一种分析样品，消解方法有多种选择，同一消解方法也可以适用于多种分析样品，各种不同样品的消解方法可以互相借鉴。

用酸分解样品的优点：①可以综合利用不同酸的特性，使绝大多数样品很好地分解；②样品分解完全；③分解速度快；④不引入其他阳离子；⑤多余的酸易于除去，消解产物易于转入测定的介质。

湿消解法通常使用敞口容器（加盖表面皿或漏斗）消解样品，设备和操作过程简单，但试剂消耗量大，溶样时间长，污染环境，容易造成元素挥发性损失和沾污。

(5) 微波消解法

微波消解法是一种新的样品分解技术，是将样品放置在微波炉内特制的溶样罐中，利用微波辐射加热分解样品，按照严格的程序控制溶样过程。

微波位于红外辐射与无线电波之间，能穿透一些介质，将能量直接辐射到反应物上，物质分子在微波电磁场作用下发生瞬时极化，样品与消解液混合物吸收微波能量之后，由于离子传导与偶极子转动，产生内部热效应，迅速提高反应体系的温度，消解液分解试样，使被测组分释放出来。

用微波消解试样时，所使用的盛样容器材料对微波是透明的，温度较低，与溶液接触的热分子与器壁碰撞时将能量传给相对较冷的器壁，这样由容器底部到顶部形成了一个温度梯度，消解酸气在顶部又冷凝返回液相。在微波消解试样时有较高的溶样温度、较低的内压力，所以消解操作安全性较好，这正是在密闭容器内微波消解样品的优点。

微波消解试剂用量少，密闭消解，沾污减少，空白值低。它的适用范围广，可用于测定地质、冶金、生物、环境、食品等各种样品。它的缺点是溶样量小，溶样装置的价格较高。

在样品处理的过程中，要采取有效措施避免空气、容器、水、试剂等的污染以及吸附或挥发等造成的被测组分损失。实验器皿要彻底清洗，首先用自来水冲洗实验器皿，除去其所吸附的油泥、灰尘等，然后用温热的非离子性洗涤剂洗涤，用自来水冲洗干净后再用去离子水淋洗，然后在30%硝酸中浸泡24h，使用前再用去离子水冲洗几次。大气中常含有悬浮颗粒物、硅、钙、镁、铁、铜、钠等，大气的污染很难进行校正，实验室应有防尘措施，安装排风和空气过滤装置。在分析过程中要进行全程质量控制，检查与校正水和试剂的空白值。

（二）有机组分样品预处理方法

有机样品预处理的方法很多，主要有蒸馏法、萃取法、色谱法、固相萃取法及衍生化技术等。

1. 蒸馏法

蒸馏是最常用的样品分离、纯化、浓缩的方法，利用液体混合物中各组分的沸点不同进行分离。蒸馏分为常压蒸馏、减压蒸馏和水蒸气蒸馏。常压蒸馏是在大气压下进行的，分为简单蒸馏和分馏两种。分馏的分离效率比简单蒸馏要高得多。常压蒸馏适用于一般液体和低熔点固体的分离。

减压蒸馏是在低于大气压下进行的蒸馏，适用于沸点较高或热不稳定化合物的分离。物质的沸点随压力的降低而下降，当压力降到20mmHg（1mmHg=133.3Pa）时，化合物的沸点比常压下降低100～200℃，因此，减压蒸馏可使高沸点化合物在较低温度下沸腾，避免化合物的分解。此外，减压蒸馏还可以提高某些化合物的分离度。

水蒸气蒸馏也是分离和提纯有机化合物的常用方法。该方法是在难溶或不溶于水的有机物中通入水蒸气或与水一起共热，使有机物随水蒸气一起蒸馏出来。有机物中通入水蒸气后，当总蒸气压等于大气压时，该混合物开始沸腾，显然，混合物的沸点低于其中任何一个组分的沸点，也就是说，这些化合物可以在比正常沸点低得多的温度下被蒸馏出来。因此，它的作用类似于减压蒸馏。

水蒸气蒸馏适用于如下类型的样品处理：①常压下易分解的高沸点有机物与植物；②含有较多的固体有机物和不挥发杂质，这些固体有机物和不挥发杂质用一般方法不易分离。

2. 萃取法

萃取是指物质从一相转移到另一相的过程，由一种液相转移到与之不相溶的另一种液相叫液-液萃取，由固相转移到溶剂中叫固-液萃取。

液-液萃取分间歇式和连续式。间歇式萃取常用分液漏斗来完成。间歇式萃取操作简单方便，但萃取效率低。连续式萃取具有萃取效率高、溶剂用量小的优点，但设备比较复杂。

固-液萃取也分间歇式和连续式两种。间歇式可以在一般玻璃容器内进行。萃取前样品要粉碎，萃取时可以加热回流，也可以搅拌和超声振荡。连续固-液萃取一般在脂肪提取器

（也称索氏提取器）中进行。由于固-液传质速度较慢，因此固-液萃取需要较长的时间（几小时甚至更长时间）。

液-液萃取适用于水中有机物分析，例如，水中有机污染物分析，饮料中有机添加剂分析。固-液萃取适用于固体样品中有机成分分析，例如，中药材中有效成分分析，空气飘尘中多环芳烃分析等。

3. 色谱法

色谱法是样品制备与前处理的重要方法之一。早期经常使用柱色谱和薄层色谱进行样品的分离与纯化。由于柱色谱（经典色谱）法分离效率较低，因此，这种方法只能得到一定程度的纯化。若利用现代化的高效液相色谱制备技术，则可得到很纯的样品，制备量可以达到毫克级以上。

利用色谱技术还可以富集样品。柱色谱填料如果是吸附剂，则可以用来对气、液样品中的痕量组分进行浓缩富集。例如，当水样通过装有全多孔树脂填料的色谱柱时，水中有机物被填料吸附，用溶剂将填料所吸附的有机物洗脱，当溶剂挥发后，有机物实现了富集，富集后的样品可以进行气相色谱-质谱（GC-MS）等仪器分析。

4. 固相萃取法

固相萃取法实际上是色谱法的一种，由于这种方法发展很快，设备配套，应用广泛，因此，已经单独作为一种预处理方法。它的核心是一种填充固定相的短色谱柱（长约 5cm）。柱材料一般为聚丙烯，也可用玻璃和不锈钢制作。所用填料与高效液相色谱柱填料相仿，例如 C_8 键合相、C_{18} 键合相、氰基键合相、氨基键合相和硅胶等，不同填料适用于不同的富集对象。使用固相萃取柱时先用适当溶剂将固相萃取柱的吸附剂润湿（称为活化处理），然后加入一定体积的被处理溶液，使其完全通过吸附柱。这时大量溶剂与不被保留的组分从柱中流出，被萃取组分则保留在吸附剂上，再用适当溶剂洗涤萃取柱，除去不需要的组分，然后用洗脱液把保留在萃取柱中的欲测定组分洗脱下来，收集备用。为了加速样品溶剂流过固相萃取柱，萃取柱通常与真空系统相连，通过调节真空度，可以控制溶剂的流量。目前的商品仪器可以做到全自动化操作，包括固相萃取柱预处理、样品添加、杂质洗涤、分析物洗脱、分析物自动进样、进行液相色谱或液相色谱-质谱分析。

5. 衍生技术

衍生是样品制备与前处理中常用的化学方法，其主要目的是提高灵敏度和选择性，扩大仪器的应用范围。在仪器分析中，某些对于仪器没有响应或响应不敏感的样品可以通过衍生技术改变其组成，从而达到能够检测或提高检测灵敏度的目的。化学衍生必须满足以下几个要求：①反应容易重复，反应条件易控制，操作简单；②反应必须能定量进行，至少反应的转化率要恒定，应能满足定量分析的要求；③反应产物易于纯化，不引进新的干扰组分。下面介绍两种常用的衍生化方法。

（1）酯化衍生法

在气相色谱或气相色谱-质谱分析中，经常遇到有机酸类样品，由于有机酸分子极性较大，挥发性差，温度过高又容易分解，因此，给分析带来一定的困难。如果将酸类样品变成相应的较易挥发的酯类样品，则容易分析得多。常用的酯化方法有两种：一种是有机酸与醇直接酯化，另一种是有机酸与重氮甲烷反应生成甲酯。

① 直接酯化法 反应通式为：$RCOOH + ROH \longrightarrow RCOOR' + H_2O$

反应常用的催化剂有浓硫酸、三氟化钠以及三氟乙酸酐等。一般反应容易进行，回流加热可以提高反应速率。

② 重氮甲烷法 反应通式为：$RCOOH + CH_2N_2 \longrightarrow RCOOCH_3 + N_2$

此法反应产率、产物纯度高，可以在室温下进行，是甲酯化的理想方法。但重氮甲烷有毒性，易爆炸，因此，一般将其溶解在乙醚中使用。

酯化衍生法主要用于气相色谱和气相色谱-质谱分析。

(2) 荧光衍生法

荧光检测器的灵敏度比紫外检测高3个数量级左右，它适用于痕量组分分析。对于痕量的高级脂肪酸、氨基酸、生物胺、生物碱等不发荧光的化合物，可以通过荧光化试剂生成能发荧光的化合物，常用的荧光化试剂有丹酰氯（用于测定氨基酸、伯胺、仲胺、酚等）、荧光胺（用于测定氨基酸、伯胺等）。

三、分析样品前处理技术新进展

随着物质分离、计算机、精密加工、机械制造和自动化等技术的快速发展，样品前处理技术也不断丰富和创新，并呈现出如下趋势。

① 新的样品前处理技术不断涌现 主要是在原有技术基础上的改进和创新，例如，在传统溶剂提取基础上，结合其他辅助技术形成的微波辅助溶剂萃取，加速（同时加热和加压）溶剂萃取使得从固体和半固体样品中提取目标组分变得更加快速和有效。源于色谱和柱色谱技术的固相萃取已经成为目前应用最广泛的样品净化技术。

② 前处理仪器发展迅速 传统的样品前处理技术大多采用人工或以人工辅助的半自动操作，自动化前处理装置较少，近年来样品前处理技术的国产化和自动化发展迅速。仪器自动化不仅速度快，且重现性好，样品前处理自动化为在线样品前处理技术奠定了基础。例如，固相萃取最初基本是手工操作，一次只能处理一个样品，接着出现了简易的固相萃取仪，可以多样品同时操作，还可通过抽真空的方式调节洗脱液的流速，再后来出现了全自动固相萃取仪，组分收集和样品浓缩均可全自动操作。

③ 与后续测定仪器的在线联用 一些典型的样品前处理-测定联用已经作为一种固定的分析方法，并有成套专门仪器。例如：GC-MS、LC-MS、氢化物发生-原子荧光光谱、裂解气相色谱等。还有一些样品前处理与后续测定仪器在线联用技术通过自行组装仪器，开展方法研究或在部分领域尝试实际应用。例如：固相（微）萃取-色谱（或色质联用）在环境有机污染物、食品添加剂等样品分析中已有较多研究报道。

④ 仪器的小型化和微型化 为满足现场检测、野外实验不断增长的需求，小型化、便携式样品前处理仪器也越来越受到关注。芯片实验室同样也需要在芯片上实现各种样品前处理操作，目前已经可以在微流控芯片上进行溶剂萃取、固相萃取、膜分离等多种样品前处理操作。

⑤ 样品前处理工作站 其也称综合样品前处理平台，是将几种前处理技术集成在一起，

用来完成多项样品前处理操作的综合性前处理平台，适合复杂样品的前处理。例如将凝胶色谱、全自动固相萃取和自动浓缩装置组合在一起的前处理工作站，适合食品、生物和医学样品的多项前处理的连续自动操作。凝胶色谱先除去样品基体物质中的生物大分子，固相萃取进一步将目标组分从小分子混合物中分离、富集出来，自动浓缩可以进一步提高富集倍数。

样品前处理的发展中，自动样品前处理有显著的优势，先进的流体检测技术配合泵、阀的控制技术，可以将原本复杂冗长的过程变得简单快速，并且能够减少样品前处理本身造成的环境污染和对操作人员的化学伤害。对于大量样品的批量化处理，自动化样品前处理装置能够减少人工操作，使处理失误率明显下降，溶剂用量也能较好地控制，体现出其综合的经济性。

第三节 实验数据及分析结果处理

一、有效数字及其运算规则

由于误差的存在，任何测量的准确度都是有限的，因此在记录数据时既不可随意多写数字的位数，夸大测量的精度；也不可轻率少写数字的位数，降低测量的精度。在小数点后的“0”也不能任意增加或删去。在进行运算时，还须注意遵守下列规则。

① 有效数字修约规则为“四舍六入五成双”。有效数字的修约应一次完成，不得连续进行多次修约。数据运算规则是先对各个数据进行修约，然后进行计算。

② 加减运算结果中，保留有效数字的位数应与绝对误差最大的相同；乘除运算结果中，保留有效数字的位数应以相对误差最大的数据为准。

③ 对数计算中，对数小数点后的位数应与真数的有效数字位数相同。

二、测量结果的可靠性

在分析测试中，不论测量进行得如何仔细，测量中总存在着一定的差值，即误差，测量的误差越大，结果越不可靠。很大的测量误差会使结论毫无科学价值，甚至导致错误的结论。因此，一定要对测量结果进行可靠性判断，设法提高结果的可靠性。

(1) 准确度和误差

准确度表达了测量值 X_i 与真实值 μ 的接近程度。两者差值越小，则分析结果准确度越高。准确度的高低用误差来衡量。绝对误差 E 表示测量值 X_i 与真实值 μ 之间的差值，绝对误差在真实值中所占的比例叫相对误差。

(2) 精密度和偏差

精密度表示各次测定结果相互接近的程度。精密度的高低用偏差来衡量。

偏差分为以下几种。

① 绝对偏差：测定结果与几次测定结果平均值之差。

② 相对偏差：绝对偏差在平均值中所占的比例。

③ 平均偏差：各个绝对偏差的绝对值，又称算术平均偏差。

$$\overline{d}=\frac{\sum_{i=1}^{n}|X_i-\overline{X}|}{n} \tag{1-2}$$

式中，X_1、X_2，…，X_n 为各次测量值；n 为测量次数；$\overline{X}$ 为各次测量的平均值。

它表示一组数据的精密度。平均偏差比较简单，但缺点是无法表示出各测量值之间的彼此符合情况。

④ 标准偏差也叫均方根偏差。当有限次测定次数时，可表达为：

$$S=\sqrt{\frac{\sum_{i=1}^{n}(X_i-\overline{X})^2}{n-1}} \tag{1-3}$$

式中，X_1、X_2，…，X_n 为各次测量值；n 为测量次数；$\overline{X}$ 为各次测量的平均值。测定次数趋于无穷大时，表示为：

$$\sigma=\sqrt{\frac{\sum_{i=1}^{n}(X_i-\mu)^2}{n}} \tag{1-4}$$

式中，X_1、X_2，…，X_n 为各次测量值；n 为测量次数；μ 为无限多次测定的平均值（总体平均值），即 $\lim\limits_{n\to\infty}\overline{X}=\mu$，当消除系统误差时，$\mu$ 即为真值。

标准偏差能很好地表示测量值的离散性。单次测量值与平均值的偏差经平方取消了负值，其相加值不会相互抵消，而是突出了大偏差的作用。因此，它不仅取决于一组测量中的测量值，而且对这组数中的极值反应也较灵敏。通常用变异系数 CV 或称相对标准偏差把标准偏差与所测的量联系起来。

$$CV=\frac{S}{\overline{X}}\times100\% \tag{1-5}$$

用标准偏差比用平均偏差更科学更准确。

（3）误差的类型

误差分为系统误差和偶然误差。系统误差是由某种固定原因造成的，具有重复性、单向性。它的大小、正负，在理论上说是可以测定的，所以又叫可测误差。系统误差按其性质和产生的原因可分为方法误差、仪器和试剂误差、操作误差、主观误差等四种类型。偶然误差是由一些随机的因素引起的，其大小、正负都不固定，所以又称不定误差或随机误差。偶然误差在分析操作中是无法避免的。但如果进行很多次测定，便会发现数据的分布符合统计规律。

由于存在着系统误差和偶然误差两大类误差，所以在分析和计算过程中，如未消除系统误差，则分析结果虽然有很高的精密度，也并不能说明结果准确。只有在消除了系统误差以后，精密度高的分析结果才是既精密又准确的。

三、分析结果的表达

取得实验数据后，应以简明的方法表达出来，通常有列表法、图解法、数学方程表示法等三种方法，可根据具体情况选择一种表达方法。

（1）列表法

列表法是将一组实验数据中的自变量和因变量的数值按一定形式和顺序一一对应列成表格，比较简明、直观，是最常用的方法，实验的原始数据一般用此方法记录。列表时应有完全而又简明的表名，在表名不足以说明表中数据含义时，则在表名或表格下面再附加说明，如获得数据的有关实验条件、数据来源等。表中数据有效数字位数应取舍适当，小数点应上下对齐，以便比较分析。

（2）图解法

图解法是将实验数据按自变量与因变量的对应关系标绘成图形，直观反映变量间的各种关系，便于进行分析研究。每图应有简明的标题，并注明取得数据的主要实验条件、实验者姓名以及实验日期。注意坐标分度的选择，其精度应与测量的精度一致。

图解法是整理实验数据的重要方法，图解法的主要用途如下。

① 利用变量间的定量关系图形直接求未知物含量。定量分析中标准工作曲线法，就是将自变量（如浓度）为横坐标，因变量（即各测定方法相应的物理量）为纵坐标，绘制标准曲线。对于欲求的未知物浓度，可以由它测得的相应物理量值从标准曲线上查得。

② 通过曲线外推法求值。对未知试样，可以通过连续加入标准溶液，测得物理量变化，用外推作图法求得结果。例如原子吸收光谱分析测定土壤中铬含量，为了消除基体的物理干扰，就采用了曲线外推法。

③ 求函数的极值或转折点。实验常需要确定变量之间具有的极大值、极小值和转折点等，通过图形表达后，可快速求得其值。如光谱吸收曲线的峰值波长以及它的摩尔吸光系数的求得。

④ 图解微分法和图解积分法。如利用图解微分法来确定电位滴定的终点，色谱中利用图解积分法求色谱峰的面积等。

（3）数学方程表示法

数学方程表示法是对数据进行回归分析，以数学方程式描述变量之间关系的方法。仪器分析实验数据的自变量与因变量之间多呈直线关系，如分光光度法中，吸光度 A 与浓度 c，经过适当变换后，其呈现直线关系，如罗马金-赛博公式，取对数后成线性关系。因此，可用一个数学式来表示待测量 Y（因变量）为另一变量 X（自变量）的线性函数：

$$Y=AX+B \tag{1-6}$$

式中，自变量 X 常为浓度 c 或浓度的函数，如 $\lg c$ 等；因变量 Y 则代表测量的物理量，如吸光度 A 或发射光的强度 I 等。

在定量分析实验中，常用一组标准溶液测量其相应的物理量数据，通过处理两者相关的实验数据，拟合出直线方程式。然后测量未知试样的物理量数据，由方程式求解出待测组分的浓度。拟合方程式可用描点作图法、平均法、最小二乘法等方法。以最小二乘法原理求解线性回归方程最为准确，因为它是建立在等精度的多次实验测量值服从于正态分布上的，是目前科学实验数据处理中普遍采用的方法。最小二乘法的基本原理是在具有等精密度的许多测量数据中，最可信赖的值是当各测量值的残差的平方和为最小时所求得的那个数值。

在仪器分析方法中，标准溶液的 X 可视为能准确测定的自变量，而物理量 Y 的测量总是有误差的，以 e 表示，则测量数据的回归线性模型为：

$$Y=AX+B+e \tag{1-7}$$

式中，e 属于随机误差，服从正态分布规律；A、B 为待定参数。

由最小二乘法原理可知，应使 e 值的平方和满足下式：

$$Q=\sum e_i^2=\sum(Y_i-AX_i-B)^2 \tag{1-8}$$

Q 为最小，根据数学分析中求极值原理，令：

$$\frac{\mathrm{d}Q}{\mathrm{d}A}=-2\sum X_i(Y_i-AX_i-B)=0 \tag{1-9}$$

$$\frac{\mathrm{d}Q}{\mathrm{d}B}=-2\sum(Y_i-AX_i-B)=0 \tag{1-10}$$

整理得：

$$\sum X_iY_i-A\sum X_i^2-B\sum X_i=0 \tag{1-11}$$

$$\sum Y_i-A\sum X_i-nB=0 \tag{1-12}$$

解得

$$A=\frac{n\sum X_iY_i-\sum X_i\sum Y_i}{n\sum X_i^2-(\sum X_i)^2} \tag{1-13}$$

$$B=\frac{\sum Y_i\sum X_i^2-\sum X_iY_i\sum X_i}{n\sum X_i^2-(\sum X_i^2)} \tag{1-14}$$

求得 A、B 值之后，便可确定反映实验点分布状况的回归方程。

在实际测量中，由于各种因素的影响，变量之间并不呈十分严密的线性关系，数据对回归线有一定的偏离。因而有必要判断这条回归线是否有意义，除了运用专业知识外，在数学上引入了相关系数 r，定量地进行判断。

$$r=\frac{\sum X_iY_i-\frac{1}{n}\sum X_i\sum Y_i}{\sqrt{\left[\sum X_i^2-\frac{1}{n}(\sum X_i)^2\right]}\sqrt{\left[\sum Y_i^2-\frac{1}{n}(\sum Y_i)^2\right]}} \tag{1-15}$$

当 $r=\pm1$ 时，Y 与 X 有着良好的线性关系，所有的测量值 Y 都在回归线上。当 $r=0$ 时，Y 与 X 之间完全不存在线性关系。当 r 在 $0\sim\pm1$ 之间时，Y 与 X 有着不同程度的相关，r 愈接近 1，线性关系愈好。

通过测量未知试样的物理量 Y 值，由回归方程式求出 X 值，再计算未知试样中待测组分的含量。

仪器分析实验和化学分析实验相比，实验数据和信息量要大得多，要注意利用先进的计算机技术进行分析处理，例如大家熟悉的 Microsoft Excel、Origin 等软件就可以根据一套原始数据，在数据库、公式、函数、图表之间进行数据传递、链接和编辑等操作，从而对原始数据进行汇总、数据处理、统计计算、绘制图表、回归分析及验证等。

四、有限实验数据的统计处理

在科学实验中，分析结果的数据处理是很重要的。分析工作者仅测得一两次的分析结果不可能获得可靠的信息，因此，在一般的实验和科学研究中，必须对一个实验进行多次的重复实验，直至获得足够的数据，然后进行统计处理并得到结果。

（1）平均值的置信区间

在实际测定工作中，由于真实值是未知的，所以通常是把测定数据的平均值作为分析结果报出，但由测得少量数据得到的平均值总是带有一定的不确定性，它不能明确地说明测定的可靠性。在准确度要求较高的分析工作中，作出分析报告时，应同时指出结果真实值所在的范围（这一范围称为置信区间），以及真实值落在这一范围的概率（称为置信度或置信水准）。

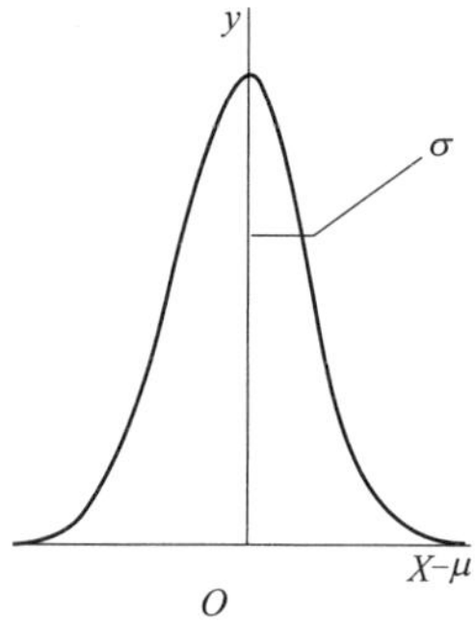

图 1-1　随机误差的正态分布曲线

对于不含系统误差的无数个测定数据，其误差分布可用正态分布曲线（高斯曲线）来表征。

以（$X-\mu$）为横坐标，误差出现的频率 y 为纵坐标，X 为单次测量值，μ 为总体平均值。在消除系统误差的前提下 μ 可视为真实值，因此（$X-\mu$）为误差。

误差正态分布曲线如图 1-1 所示。

曲线的形状受总体标准偏差 σ 控制，它小，曲线又高又窄，表明数据精密度好。正态分布曲线与横轴所包围的面积代表了大小误差出现的概率（可由高斯方程积分获得）。

对于有限次的测定，真实值 μ 与平均值 $\overline{X}$ 之间的关系为：

$$\mu=\overline{X}\pm\frac{t\cdot S}{\sqrt{n}} \tag{1-16}$$

式中，S 为标准偏差；n 为测定次数；t 为在选定的某一置信度下的概率系数。

表 1-1　不同测定次数及不同置信度下的 t 值

测定次数	置信度				
	50%	90%	95%	99%	99.5%
2	1.000	6.314	12.706	63.657	127.32
3	0.816	2.920	4.303	9.925	14.089
4	0.765	2.353	3.182	5.841	7.453
5	0.741	2.132	2.776	4.604	5.598
6	0.727	2.015	2.571	4.032	4.773
7	0.718	1.943	2.447	3.707	4.317
8	0.711	1.895	2.365	3.500	4.029
9	0.706	1.860	2.306	3.355	3.832
10	0.703	1.833	2.262	3.250	3.690
11	0.700	1.812	2.228	3.169	3.581
21	0.687	1.725	2.086	2.845	3.153
∞	0.674	1.645	1.960	2.576	2.807

从 t 值表 1-1 中还可以看出，当测量次数 n 增大时，t 值减小，当测定次数为 20 次以上到无限次时，t 值相近，这表明当 $n>20$ 时，再增加测定次数对提高测定结果的准确度已经

没有什么意义。因此只有在一定的测定次数范围内，分析数据的可靠性才随平行测定次数的增多而增加。

(2) 测量结果离群值的舍弃

在仪器分析中，分析仪器把物质的物理化学或物理信息转换成电信号，经放大，在工作站上显示出来。在分析中往往测得一组数据，常会发现某一个值明显比其他测量值大得多或小得多，这个数据称为可疑数据（离群值、异常值)。对这一可疑的值必须找出原因，如果明确是由操作过失等引起，则直接可以舍去。但是对于找不出充分理由的可疑数据，则应慎重处理，应借助数理统计方法进行数据评价后再行取舍。

通常，取舍的方法很多，在统计学上所用的简单方法是 Q 检验法，步骤如下：

① 按大小顺序排列，计算最大值与最小值之差（极差)，作为分母。

② 计算离群值与最邻近数值的差值，作为分子，分子与分母之商即为 Q 值。

$$Q(\text{计数值})=\frac{\text{离群值}-\text{邻近值}}{\text{最大值}-\text{最小值}} \tag{1-17}$$

表 1-2 列出 90%、95%、99%置信水平时的 Q 数值，如果 $Q_{\text{计算}}>Q_{\text{表}}$，则离群值应该舍弃；反之，应保留。

表 1-2 在不同的置信水平下舍弃离群值的 Q 值表

测量次数	3	4	5	6	7	8	9	10	无限次
Q(90%)	0.94	0.76	0.64	0.56	0.51	0.47	0.44	0.41	0.00
Q(95%)	0.98	0.85	0.73	0.64	0.59	0.54	0.51	0.48	0.00
Q(99%)	0.99	0.93	0.82	0.74	0.68	0.63	0.60	0.57	0.00

五、提高分析结果的准确度的方法

在定量分析中，为了提高分析结果的可靠性，必须首先确认系统误差，按其作用规律及来源，加以排除，使系统误差降到最小。可按下述办法来判断和校正系统误差。

① 对照试验。以标准样品或纯物质作试样，用与被测试样相同的方法进行定量分析，比较分析结果与标准样品的已知量，以此来估计误差。也可用标准方法（如国家标准方法等）与所选用的分析方法分析同一试样，比较结果以估计误差。

② 回收试验。在没有标准品，又不宜用纯物质进行对照试验时，可在被测试样中加入已知量的被测组分纯物质，用同样方法进行定量测定。由分析结果中被测组分量的增大值与加入量之差来估计误差。

③ 空白试验。用不含被测试样的溶液，即空白溶液代替试样溶液进行定量测定，得到空白值，把它从试样的测量结果中扣除，以提高准确度。

④ 仪器的校正。仪器出厂时，一般是经过校正的，但在使用中还应定期进行校正，以保证仪器的精度，使因仪器而引入的系统误差降至最小。

测量值的精密度是考察结果可靠性的一个重要指标。虽然随机误差的因素无法控制，但它服从统计规律。增加测量次数，在某种程度上可以将误差减少，提高精密度。仔细地操作，使仪器处于最佳工作状态，正确地存放试样及取样，都将有助于精密度的提高。

第二章　色谱分析

第一节　概述

色谱分析法是一种混合物的分离技术，试样混合物中各组分在固定相和流动相间进行分配，当流动相携带欲分离的混合物流经固定相时，就会与固定相发生作用。由于混合物中各组分在性质和结构上的差异，与固定相发生作用的大小、强弱也有差异，因而各组分在两相间具有不同的分配系数。因为：

$$t_R = t_0(1+k) \tag{2-1}$$

式中，t_R 为组分保留时间；t_0 为死时间；k 为组分的分配比。

因此在同一推动力作用下，不同组分在固定相中滞留时间有长有短，从而各组分按先后不同次序从固定相中流出。色谱分离能够实现的内因是固定相与被分离的各组分吸附（或分配）系数的差别，其微观解释就是分子间的相互作用力（取向力、诱导力、色散力、氢键力等）的差别。实现色谱分离的外因是流动相的不断流动。由于流动相的流动，被分离的组分与固定相发生反复多次（达几千、几万次，甚至更多）的吸附（或溶解）、解吸（或挥发）过程，这样就使那些在同一固定相上吸附（或分配）系数只有微小差别的组分，在固定相上的移动速度产生了很大的差别，从而使各个组分完全分离。

当试样组分随着流动相，通过色谱柱分离后，根据流出组分的物理性质或物理化学性质选择合适的检测器进行检测，得到电信号随时间变化的色谱流出曲线（也称为色谱图）。根据色谱流出组分的出峰时间（保留时间）可以进行定性分析。定性分析方法有：保留值定性、相对保留值定性、保留指数定性以及与其它仪器联用如与质谱联用定性。实验中常用的定性方法是用标准品的保留时间进行定性。利用色谱流出曲线的峰面积或峰高与组分含量的关系，可以进行定量分析，定量分析方法有归一化法、内标标准曲线法、外标标准曲线法。归一化法适于试样中各组分都能流出色谱柱，并在色谱图上显示色谱峰的情况。内标标准曲线法适于只需测定样品中某几个组分出峰，或试样中所有组分不能全部出峰的情况。内标标准曲线法对操作条件要求不高，定量比较准确。外标标准曲线法适合于样品的色谱图中无内标峰可插入，或找不到合适内标物的情况。色谱法分离效率高，可以分离复杂混合物、有机同系物、异构体、手性异构体等；灵敏度高，分析速度快。根据流动相的不同，色谱可以分为气相色谱、液相色谱和超临界流体色谱。由于超临界流体色谱需要高压设备，它的应用受到了限制。

气相色谱的流动相为气体，常用的有氮气、氢气、氦气和氩气等，这类气体自身不与待测组分发生反应。气相色谱仪由气路系统、进样系统、色谱柱、温控系统、检测和记录系统等部分组成。进样系统包括进样和气化室，气化室的温度控制在 50～500℃。液体样品采用微量注射器。对气化室的要求为：体积小，热容量大，对样品没有催化作用。气相色谱柱有两种，即填充柱和开管柱。填充柱一般用不锈钢或玻璃材料制成；开管柱用石英制成，一般用于毛细管色谱分析。检测器主要有热导检测器、氢火焰离子化检测器、电子捕获检测器和火焰光度检测器等。热导检测器是根据不同物质与载气有不同的热导率 λ，λ 大的组分，传热本领大，反之传热本领小。热导检测器根据传热本领的不同进行检测，它是一种通用型的检测器，对所有物质都有响应，但灵敏度不高。氢火焰离子化检测器适用于痕量有机物分析，当有机物随载气进入火焰时，发生离子化反应，生成的离子被电极捕获产生微电流，经放大被记录。它是一种灵敏度较高的检测器，但只对有机物有响应。电子捕获检测器对具有电负性的物质（含有卤素、S、P、N、O 的物质）有响应，电负性越强，灵敏度越高。火焰光度检测器实际上是一台简单的发射光谱仪，它是分析含硫和磷化合物的检测器。一般气相色谱仪器配备热导检测器和氢火焰离子化检测器。气相色谱仪必须配有温控系统，因为柱温以及检测器、气化室的温度都需要被严格控制。柱温是根据样品的分离效果进行选择，柱温升高可使传质速率加快，有利于降低塔板高度，改善柱效。同时升高柱温，纵向扩散加剧，柱效降低。降低柱温，被测组分在两相中的扩散速率减小，分配不能迅速达到平衡，峰形变宽，柱效下降，同时延长了分析时间。所以柱温的选择原则是在使最难分离的组分能被分离的前提下，尽可能采取较低的柱温，但以其保留时间适宜，峰形不拖尾为宜。柱温控制要求精确，根据需要可以恒温，也可以程序升温。气化室温度控制使试样瞬间气化但不分解。一般高于柱温 30～70℃。检测室温度必须高于柱温 10℃，温度控制精度在±0.1℃以内。气相色谱具有分离效能高、选择性好、灵敏度高和操作简单、分析速度快的优点，所以用途广泛，可以分析气体试样、易挥发或可转化为易挥发的液体和固体；不仅可分析有机物，也可分析部分无机物。在石油化工、煤的小分子萃取、医药卫生、环境监测、生物化学等领域都得到了广泛的应用。

随着气相色谱中的系统理论和实践经验在液相色谱中的应用，液相色谱的分离能力大大提高。与此同时，高压输液泵的使用，加快了液相色谱的分析速度。液相色谱的流动相为液体，它的基本概念及理论基础，如保留值、塔板理论、速率理论、容量因子和分离度等，与气相色谱基本一致，但又有不同。液相色谱法与气相色谱法的主要区别在于流动相的不同。液相色谱法的流动相为液体，气相色谱法的流动相为气体。液体的扩散系数只有气体的万分之一至十万分之一，液体的黏度比气体大 100 倍，而密度为气体的 1000 倍左右。流动相不同，在待测组分与流动相之间，流动相与固定相之间都存在着一定的相互作用。高效液相色谱采用 3～10μm 细颗粒固定相，使流动相在色谱柱上的渗透性大大减小，流动相阻力增大，必须借助高压泵输送流动相。高效液相色谱在液相中进行，对待测组分的检测，通常采用灵敏的湿法光度检测器，如紫外检测器、荧光检测器、示差折光检测器以及电导检测器等。根据固定相的类型和分离机制，高效液相色谱又可分为化学键合相色谱、液-固吸附色谱、离子交换色谱和空间排阻色谱等类型。高效液相色谱法只要求试样能制成溶液，而不需要气化，因此不受试样挥发性的限制。对于沸点高、热稳定性差、分子量大（大于 400Da 以上）的有机化合物（这些物质几乎占有机化合物总数的 75%～80%），原则上都可用高效液相色谱法来进行分离、分析。目前高效液相色谱应用愈来愈广泛，主要应用在医药、化工、生化、天然产物、食品、环境分析以及农业分析等。

毛细管电泳色谱的流动相从相态来说也是液相，但它是在电解质溶液中，位于电场中的带电离子在电场力的作用下，以不同的速度向与其所带电荷相反的电极方向迁移的现象，称为电泳。不同离子具有不同的迁移速度，它与离子所带的有效电荷 q、所处的电场强度 E、离子的表观液态动力学半径 r、介质的黏度 η 等有关。物质离子在电场中差速迁移 v 不同是电泳分离的基础。在毛细管电泳分析中，电渗是一个非常重要的现象。它是指液体两端施加电压时，会发生液体相对于固体表面移动的现象，整体移动着的液体叫电渗流。各种离子在毛细管中的迁移速度实际上是溶液电渗流速度和离子电泳速度的矢量和。改变电渗流的大小和方向可改变分离效率和选择性，如同改变液相色谱中的流动相的流速。电渗流的微小变化会影响结果的重现性，所以在毛细管电泳分析中，控制电渗流非常重要。毛细管电泳仪的组成部件有高压电源、毛细管柱、缓冲液池和检测器。高压电源为分离提供 0～30kV 稳定、连续可调的直流稳定的电场。毛细管柱是分离的场所，它是由石英材料做成的，内径 20～75μm，外径 350～400μm，长度≤1m。常用的检测器与液相色谱的检测器类似，主要有紫外检测器、荧光检测器、电导检测器以及质谱检测器等。根据分离机制，毛细管电泳色谱可以分为毛细管区带电泳、毛细管凝胶电泳、胶束电动毛细管色谱、毛细管等电聚焦、毛细管等速电泳和毛细管电渗色谱。毛细管电泳色谱仪器简单、易实现自动化操作；分析速度快、分离效率高；操作方便，消耗少；应用范围广泛，可以分析有机物、无机物、生物大分子、中性分子等。

本章实验部分包括气相色谱分析、液相色谱分析和毛细管电泳色谱分析三部分，在实验内容的安排上，有验证理论的实验、综合应用实验以及有我校科研特色创新实验。气相色谱分析设置五个实验，实验内容上包含填充柱和毛细管柱，有固定柱温和程序升温法。定性分析采用保留值定性，定量分析采用归一化法和标准曲线法。实验一是巩固理论知识的实验，进一步理解色谱的速率理论和塔板理论。气相色谱分析另外四个实验是应用实验，应用领域涉及化工、食品、环境和煤化学。由于色谱理论知识相似，所以液相色谱分析只安排了三个应用实验，都属于综合创新实验，包含定性和定量分析，应用领域涉及食品、硫化学以及环境。毛细管电泳分析的三个实验采用毛细管区带电泳分析，应用于阴离子分析、有机物分析和食品添加剂的分析。

第二节　实验部分

第一部分　气相色谱分析

实验一　气相色谱中流动相流速对柱效的影响

一、实验目的

1. 了解气相色谱仪的基本结构、工作原理与操作技术；

2. 学习测定并绘制色谱柱效与载气流速的关系曲线，确定最佳流速；

3. 掌握速率理论方程中 A、B、C 三常数的计算方法。

二、实验原理

气相色谱法能否很好地完成物质的分离，主要取决于色谱峰间的相对距离及色谱峰的展宽程度，前者与固定相的选择有关，后者受柱子的设计及其操作条件的影响，与柱效有关。柱效指标用理论塔板数 n 表示，柱长为 L，每一塔板数对应的柱长用 H 表示，称为理论塔板高度，它们之间的关系为：

$$H=\frac{L}{n} \tag{2-2}$$

显然，柱效越高，n 值越大，H 则越小。理论塔板数 n 仅仅是一个估算柱效的理论概念，并不能用来作为柱分离能力的绝对量度。因此，只能够将它用来衡量柱子的装填情况。n 可用色谱图上实验数据求得：

$$n=16\times\left(\frac{t_R}{Y}\right)^2=5.54\times\left(\frac{t_R}{Y_{\frac{1}{2}}}\right)^2 \tag{2-3}$$

式中，t_R 是样品的保留时间；Y 是色谱峰的峰底宽度；$Y_{\frac{1}{2}}$ 是色谱峰的半峰宽。

在色谱系统中，影响理论塔板数的主要因素为柱子的性能。

柱子性能对柱效的影响可以用速率理论方程表示：

$$H=A+\frac{B}{u}+Cu \tag{2-4}$$

式中，u 是流动相的流速；A、B、C 为常数，分别代表涡流扩散项系数、分子扩散项系数和传质阻力项系数。

从式(2-4) 可以看出，涡流扩散项系数 A 与载气流速无关，它取决于柱子的装填等因素。然而纵向扩散项和传质阻力项与流速 u 有关，若采用合适的载气流速，则可以提高柱效，减小谱带的展宽。测定不同流速下对应的理论塔板高度，以塔板高度 H 为纵坐标，流动相的线流速 u 为横坐标，作图得到 H-u 曲线。如图 2-1 所示。

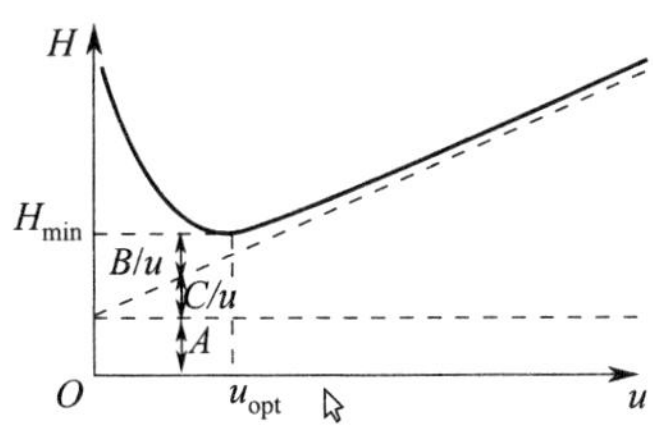

图 2-1　气相色谱 H-u 曲线

从图 2-1 中可以看出，塔板高度最小（H_{min}）时，柱效最高，所对应的流速为最佳流速（u_{opt}）。当 A、B、C 为三常数时，H_{min} 和 u_{opt} 可通过微分方程求得：

$$\frac{dH}{du}=-\frac{B}{u^2}+C=0 \tag{2-5}$$

$$u_{opt}=\sqrt{\frac{B}{C}} \tag{2-6}$$

$$H_{min}=A+2\sqrt{BC} \tag{2-7}$$

三、仪器和药品

1. 仪器　气相色谱仪；色谱工作站；热导检测器，氢气钢瓶；流速计；注射器（10μL，100μL）。

2. 药品　正己烷（分析纯）。

四、实验步骤

实验条件如下。

色谱柱：柱长 2m，内径 2～4mm。固定相：6201 载体（60～80 目）上涂渍邻苯二甲酸二壬酯[100∶(10～15)]固定液。流动相：氢气。柱温：90℃。气化温度：140℃。检测器：热导检测器，检测温度 120℃。桥电流：110A。

1. 在开启仪器之前，熟悉气相色谱仪的操作说明。

2. 在教师指导下，开启仪器。

（1）打开氢气钢瓶，调节减压阀，使出口压力为 0.5MPa；

（2）接通柱炉、气化室和检测器的电流，用温控旋钮调节，使它们的温度分别为 90℃、140℃、120℃。

3. 调节载气流速在某一值，使基线稳定后，开始进样。

4. 在 30mL/min、35mL/min、40mL/min、45mL/min、60mL/min、75mL/min 6 种不同载气流速下，分别注入 20～50μL 空气和 0.2μL 正己烷，各两次，记录它们对应的死时间 t_M 和保留时间 t_R（注意：为了让气体的流速稳定，每次改变流速后，需等几分钟，再进行测定）。

5. 实验结束后，按要求关闭色谱工作站、电脑和钢瓶。

五、数据记录与处理

1. 用下式计算 6 种不同条件下的流速：

$$u=\frac{L}{t_M} \tag{2-8}$$

2. 用式(2-3) 计算 6 种条件下的理论塔板数 n，并求得对应的理论塔板高度 H。

3. 以 H 对 u 作图，确定最佳流速 u_{opt}。

4. 选择 3 对 H-u 数据，根据式（2-4）计算速率理论方程中的 A、B、C 三个常数。

5. 用式(2-6) 和式(2-7) 计算 u_{opt} 和 H_{min}，并将其与实验值比较。

六、思考题

1. 某烃获得 $Y_{\frac{1}{2}}=0.609\text{min}$、$t_R=0.92\text{min}$ 的色谱峰。（1）试计算该柱的理论塔板数

n；(2) 当柱长 $L=10\text{m}$ 时，计算理论塔板高度 H。

2. 当增加溶质在载气中的扩散系数时，将对 H-u 图中的纵向扩散曲线有何影响？

3. 在分离 A、B、C 和 D 四种烃混合物时，采用根据 A 组分测得的最佳流速操作，这个流速对其他三种组分也能获得 H_{min} 吗？说明理由。

4. 如果增加柱温，u_{opt} 将增加还是降低？试解释。

实验二　混二甲苯含量的测定

一、实验目的

1. 掌握用保留时间定性，归一化法定量的基本原理及测定方法；

2. 加深对理论塔板数、理论塔板高度及分离度等概念的理解及学会计算相关物理量。

二、实验原理

二甲苯是一种常见的芳香烃系列的化工产品，二甲苯具有中等毒性，经皮肤吸收后，对健康的影响比较大。若不慎口服了二甲苯或含有二甲苯溶剂，既强烈刺激食管和胃，并引起呕吐，还可能引起血性肺炎。商品二甲苯是对二甲苯、间二甲苯、和邻二甲苯三种异构体的混合物，这三种异构体的性质极为相似，沸点分别为 138.4℃、139.1℃、144.4℃，沸点非常接近，用一般方法难以分离及测定，但是用气相色谱法进行分析既快速又准确。

混二甲苯在一定的色谱条件下被分离，进入氢火焰离子化检测器，得到每一组分的色谱峰，用标样对照，根据保留时间进行定性。

样品中各组分的含量可以采用归一化法进行定量计算。使用归一化法定量时要求试样中的各组分都能得到完全的分离，并且在色谱图上应能绘出其色谱峰，其计算式为：

$$c_i=\frac{m_i}{\sum\limits_{i=1}^{n}m_i}\times100\% \tag{2-9}$$

已知 $m_i=f_i\cdot A_i$

$$c_i=\frac{f_iA_i}{\sum\limits_{i=1}^{n}f_iA_i}\times100\% \tag{2-10}$$

在一定操作条件下，同分异构体的 f_i 相同，因此上式可改写为：

$$c_i=\frac{A_i}{\sum\limits_{i=1}^{n}A_i}\times100\% \tag{2-11}$$

归一化法优点是计算简便，定量结果与进样量无关，且操作条件不需严格控制，是常用的一种色谱定量方法。但缺点是无论试样中某组分是否需要测定，都必须全部分离流出。

本实验通过测量混二甲苯中各组分的峰面积，计算各组分的含量。

另外，由样品中某组分的保留时间及半峰宽或峰底宽度可以用式(2-3) 计算色谱柱的理

论塔板数 n。

根据两组分的保留时间及峰底宽度可以计算两组分的分离度 R。

$$R=\frac{t_{R2}-t_{R1}}{\frac{1}{2}(Y_1+Y_2)} \tag{2-12}$$

三、仪器与药品

1. 仪器　气相色谱仪；色谱工作站；相应的气体钢瓶；毛细管柱；氢火焰离子化检测器（FID）；微量注射器。

2. 药品　混二甲苯试样；对二甲苯、间二甲苯、邻二甲苯标样（色谱纯）。除特别注明，所有试剂均为分析纯。

四、实验步骤

实验条件如下。

色谱柱：毛细管柱，柱长 30m，内径 0.32mm。固定液：PEG-20M。载气：N_2，0.02MPa；空气，0.02MPa；氢气，0.1MPa（点火时调至 0.2MPa）。温度：进样口 200℃；柱温 65℃；检测器 150℃。

1. 开启载气钢瓶总阀，调节减压阀至分压 1MPa 左右。
2. 开启色谱仪加热开关、电源开关；设定载气压力、柱温、进样口温度、检测器温度。
3. 待 FID 温度超过 100℃时，开空气源、高纯氢气钢瓶并设定压力，用点火器点火；待温度达到设定值后，打开电脑、色谱工作站。点击开始、调零，待基线平稳。
4. 用微量注射器进样 2μL，采集数据。待所有峰出齐后，点击停止，保存文件，重复进样 2 次。先进混二甲苯样品，再分别进对二甲苯、间二甲苯、邻二甲苯（色谱纯）标样，进样量均为 2μL。得到色谱图谱及数据。
5. 实验结束后，依次关闭色谱工作站、电脑、氢气钢瓶及空气源。
6. 将柱箱、进样口、检测器温度分别设定为室温，待温度下降到预定的温度后，先关色谱仪加热开关和电源开关，再关闭氮气瓶总阀，待分压表回到零，放松钢瓶上的加压阀。

五、数据记录与处理

1. 对比混二甲苯与对二甲苯、间二甲苯、邻二甲苯标样的保留时间，在图谱上标出混二甲苯中各名称。
2. 由图谱及数据给出混二甲苯中对二甲苯、间二甲苯、邻二甲苯各组分的含量、理论塔板数、理论塔板高度及相邻组分之间的分离度 R。
3. 根据分离度讨论分离效果。记录色谱峰峰面积并计算各组分含量。

六、思考题

1. 气相色谱仪的基本设备包括哪几部分？用线路连接方框图表示，并注明实际所用仪器的型号。

2. 同样的实验条件下，同一色谱柱对不同化合物的理论塔板数是否相同？

实验三 轻石脑油的气相色谱分析

一、实验目的

1. 初步了解毛细管色谱分析的特点及其操作技术；
2. 了解复杂混合物的分离方法。

二、实验原理

毛细管柱气相色谱法是1957年由美国学者Golay在填充柱气相色谱法基础上提出的，是使用具有高分辨能力的毛细管柱来分离复杂组分的色谱法。

毛细管色谱柱内径只有0.1～0.5mm，长度可达几十米，甚至更长，空心。虽然每米理论塔板数与填充柱相近，但可以使用50～100m的柱子，所以总理论塔板数可达几十万至百万，而柱压降只相当于4m长的填充柱。

毛细管色谱的出现使色谱分离能力大大提高，在分析复杂有机混合物样品（如石油化工、环境污染、天然产物、生化样品、食品等）方面得到广泛应用，已成为色谱学科中一个独具特色的分支。

毛细管色谱仪器系统与填充柱色谱仪器系统相近，不同的是在柱前加一分流装置。这是因为毛细管柱体积很小，柱容量小，要求瞬间进入极少量的样品。因此，进样器是毛细管色谱仪的一个关键部件。另一点不同是在柱后多一个尾吹装置，加尾吹的目的是减小死体积和柱尾端扩散效应，与高灵敏度的检测器相匹配。

根据毛细管柱本身的特点，所以毛细管色谱法有如下特点。

1. 分离效能高

毛细管的总柱效很高。可用来分析极复杂的混合物，对固定液的要求不苛刻，一般有2～3根不同极性的柱子就可以解决大部分的分析问题。

2. 操作条件严格

毛细管柱的体积很小，柱连接管微小的死体积将会带来很大的影响。因此，对进样器和检测器要求很严。如：一般的热导检测器由于具有较大的死体积，不适合做毛细管色谱的检测器。

3. 应用范围广

毛细管柱色谱法具有高效、快捷等的特点，其应用遍及诸多学科和领域。一般填充柱色谱法解决不了的问题，可由毛细管色谱较好地解决。如异构体的分析，包括空间、光学异构体及同位素的分析。

极复杂混合物，如石油化工产品，难以用填充柱色谱实现有效分离；通过裂解，毛细管色谱对细菌、药物、高分子样品分析，给出更多信息和指纹图。近年来发展的大口径毛细管柱可部分代替填充柱做常规分析等。

轻石脑油的主要成分是饱和脂肪烃和少量的芳香烃，它们是非极性化合物，因此，可以选用非极性的角鲨烷柱或极性不大的聚甲基苯基乙烯基硅氧烷（SE-54）柱，完成石脑油的分析。

三、仪器与药品

1. 仪器　气相色谱仪；氢火焰离子化检测器；SE-54 柱。

2. 药品　环戊烷；轻石脑油样品；2,3-二甲基丁烷；2-甲基戊烷；3-甲基戊烷；正己烷；甲基环戊烷；2,2-二甲基戊烷和苯（色谱纯或分析纯）。

四、实验步骤

实验条件如下。

T_c：室温。载气：高纯氮，流速，0.6mL/min。$T_i = 120℃$。$T_D = 120℃$。分流比 60∶1。进样量 0.2μL。尾吹气，40mL/min。H_2，40mL/min。空气，400mL/min。

1. 开启载气钢瓶总阀，调节减压阀至分压 1MPa 左右。

2. 开启色谱仪；设定载气压力、柱箱温度、进样口温度、检测器温度及灵敏度。

3. 待 FID 温度超过 100℃时，开空气源、高纯氢气钢瓶并设定压力，用点火器点火。

4. 待温度达到设定值后，打开电脑、色谱工作站。点击开始、调零，待基线平稳。

5. 用微量注射器进样 0.2μL，采集数据。待所有峰出齐后，点击停止，保存文件，重复进样 2 次。先进轻石脑油样品，再分别进各标准品标样，进样量均为 0.2μL。得到图谱及数据。

6. 实验结束后，依次关闭色谱工作站、电脑、氢气钢瓶及空气源。

五、数据记录与处理

由于饱和脂肪烃的同系物定量校正因子相近，因此可以省略，简化计算。若试样中各组分都能分离，在检测器中均有信号，此时，则可用面积归一化或峰高归一化法计算。

六、思考题

1. 用峰高归一化或面积归一化法计算试样中各组分含量时，省略校正因子的条件是什么？

2. 尾吹气的作用是什么？如不补充尾吹气将会出现什么现象？

实验四　程序升温毛细管气相色谱法分析白酒中若干微量成分

一、实验目的

1. 了解白酒的组成和分析检测的意义；

2. 了解程序升温色谱法的操作特点；

3. 了解毛细管色谱法在复杂样品分析中的应用；

4. 熟悉内标定量分析法。

二、实验原理

白酒中主要成分是乙醇和水（约占总质量的98%），其余微量成分（约2%）包括有机酸、高级醇、酯类、醛类、多元醇、酚类等多类物质，共百余种。白酒中微量成分虽然很少，却决定着酒的香气、口味和风格，使白酒具有不同典型性。这些微量成分的极性和沸点变化范围很大，用传统的填充柱色谱法不可能做到一次性同时分析。采用毛细管色谱技术并结合程序升温操作，利用PEG-20M交联石英毛细管柱，以内标法定量，可以直接进样分析白酒中醇、酯、醛、有机酸等几十种物质。

程序升温是指色谱柱的温度按照适宜的程序连续地随时间呈线性或非线性升高。在程序升温中，采用较低的初始温度，使低沸点组分得到良好的分离，随着温度不断升高，沸点较高的组分就被逐一“推出”。由于高沸点组分能较快地流出，因而峰形尖锐，与低沸点组分类似。显然在初始温度期间，高沸点组分几乎停留在柱入口，处于“初期冻结”状态，随着柱温升高，移动速度逐渐加快，某组分流出色谱柱时的柱温称为该组分的保留温度 T_R。这是一个可用于定性分析的特征参数。在程序升温操作时，宜采用双柱双气路，即用两根完全相同的色谱柱、两个检测器并保持色谱条件完全一致，这样可以补偿由固定液流失和载气流量不稳定因素引起的检测器噪声和基线漂移，保持基线平直。当使用单柱时应先不进样运行，将空白色谱信号（基线信号）储存起来，然后进样，记录样品信号与储存的空白色谱信号之差。这样虽然也能补偿基线漂移，但效果不如采用双柱双气路理想。

三、仪器和药品

1. 仪器　气相色谱仪；毛细管柱；氢火焰离子化检测器；微量注射器。

2. 药品　未知酒样；乙醛；乙酸乙酯；甲醛；正丙醇；异戊醇；已酸乙酯；乙酸正戊酯和乙醇（均为分析纯）。

四、实验步骤

1. 按色谱仪操作方法开机，使仪器正常运行，并调至如下条件：进样器、检测器温度为250℃，分流比50∶1，进样量1μL。采用程序升温：初始温度40℃，保持2min，然后以5℃/min升至180℃。氢气和空气流量分别为30mL/min和400mL/min，载气氮气流量20mL/min。

2. 标准混合溶液的配制：在1个10mL容量瓶中预先加入约3/4体积的60%（体积分数）乙醇溶液，然后分别加入4.0μL乙醛、乙酸乙酯、甲醛、正丙醇、异戊醇、已酸乙酯、乙酸正戊酯，用乙醇-水溶液稀释至刻度线，混匀。

3. 标准单样溶液的配制：在7个10mL容量瓶中预先加入约3/4体积的60%（体积分数）乙醇溶液，然后在单个容量瓶中分别加入4.0μL乙醛、乙酸乙酯、甲醛、正丙醇、异戊醇、已酸乙酯、乙酸正戊酯，用乙醇-水溶液稀释至刻度线，混匀。

4. 样品制备：移取 4.0μL 乙酸正戊酯至预先用被测白酒荡洗过的 10mL 容量瓶中，再用白酒样稀释至刻度线，摇匀。

5. 实验操作：注入 1.0μL 白酒样品至色谱仪，进样两次求平均值，记录色谱图。注入 1.0μL 标准溶液，每次同步开启程序升温、色谱工作站记录色谱图，记录各标准物出峰时间、峰面积，进样两次求平均值。注入 1.0μL 标准单样溶液至色谱仪，同步开启程序升温、色谱工作站记录色谱图，记录各标准物出峰时间。根据记录，确定所测物质在色谱图上的位置。

6. 如果样品出峰不在标准物以内，那么不计算此峰含量。

五、数据记录与处理

1. 利用工作站对标准溶液的色谱图优化和积分，输入每个色谱峰的名称和含量，并注明内标物及含量，求出各组分对内标物的相对校正因子。

2. 调出白酒样品的色谱图，进行图谱优化和积分，利用标准溶液的各组分对内标物的相对校正因子，计算白酒样品各级组分的含量。

六、注意事项

1. 在一个程序升温结束后，需等待色谱仪回到初始状态并稳定后，才能进行下次进样。

2. 如果测定的组分沸点范围变化大，应采用多内标法定量。

七、思考题

1. 简述程序升温的优点。

2. 严格来说，白酒分析应采用多内标法定量，为什么？

实验五　煤油组分的程序升温气相色谱分析

一、实验目的

1. 了解煤油的组成情况；

2. 学会用程序升温色谱法测煤油组分。

二、实验原理

煤油为 C_8～C_{15} 的烷烃，沸程宽，根据被测物的性质，可以选择非极性的聚甲基硅氧烷开管柱结合程序升温操作实现煤油中各组分的分离，各组分按沸点由低到高的顺序出峰，可由归一法定量。烷烃属同系物，由于它们的校正因子 f 值相近，可直接将面积归一化。

煤油成分复杂，相互之间沸点相差较大，对于宽沸程混合物，一般选用程序升温法进行分析。

三、仪器与药品

1. 仪器　气相色谱仪；毛细管柱；氢火焰离子化检测器；1μL 微量注射器。

2. 药品　煤油样品；正辛烷；正十一烷；正十五烷（均为分析纯）。

四、实验步骤

1. 色谱条件：程序升温。

（1）设置初始温度为 50℃，保留 2min。

（2）第一阶段，从 50℃开始，以 5℃/min 的速率升温至 150℃，保留 5min。

（3）第二阶段，从 150℃开始，以 10℃/min 的速率升温至 250℃。整个分析过程约 30min。

检测器温度：250℃。气化室温度：250℃。载气：N_2，高纯。进样量：0.8μL。氮气：0.1MPa。氢气：0.13～0.15MPa。空气：0.03MPa。

2. 对照品及样品的处理如下。

按以上条件调好色谱仪，待基线稳定后，开始进样分析。

取 0.8μL 样品快速进样，观察各组分峰高，调节进样量使组分都有一定高度且不为平头峰。组分出峰顺序为 C_8～C_{15} 烷烃。

用三个已知标准物或其中之一进行定性分析。

3. 实验结束后，按要求关闭仪器。

五、数据记录与处理

1. 记录各组分的保留时间，并积分各组分的峰面积。

2. 按面积归一化法公式计算各组分的含量。

六、思考题

1. 在什么情况下使用程序升温气相色谱法对样品进行分离分析？

2. 煤油组分在本实验中的出峰顺序是怎样的？

第二部分　液相色谱分析

实验一　可乐、咖啡和茶叶中咖啡因的高效液相色谱分析

一、实验目的

1. 理解反相高效液相色谱的原理和应用；

2. 掌握应用高效液相色谱进行定性和定量分析的基本方法；

3. 学习简单样品的处理方法。

二、实验原理

高效液相色谱法对于沸点高、热稳定性差以及分子量较大的物质都有较好的分离效果，只要试样能制成溶液，就可以进行分离分析，它不受试样挥发性的限制。它选用颗粒很细的高效固定相，采用高压泵输送流动相。根据使用的固定相及分离原理的不同，一般高效液相色谱分为分配色谱、吸附色谱、离子交换色谱和空间排阻色谱等。

在分配色谱中，组分在色谱柱上的保留程度取决于它们在固定相和流动相之间的分配系数 K：$K=\frac{\text{组分在固定相中的浓度}}{\text{组分在流动相中的浓度}}$

显然，K 越大，组分在固定相上停留时间越长，固定相与流动相间的极性差值也越大。因此，相应出现了流动相为非极性物质而固定相为极性物质的正相液相色谱法和流动相为极性物质而固定相为非极性物质的反相液相色谱法。为了防止固定相的流失，通过化学反应的方法将固定液键合到硅胶表面上，即键合固定相。若将正构烷烃等非极性物质键合到硅胶基质上，以极性溶剂（如甲醇和水）为流动相，即反相键合色谱，可分离非极性或弱极性的化合物。

液相色谱定性分析的理论依据：在一定固定相和一定的操作条件下，每种物质都有各自确定的保留值或色谱数据，并且不受其他组分的影响。在实验中，可以利用各物质的保留值进行定性，通过对比试样中与纯物质具有相同保留值的色谱峰，确定试样中是否含有该物质。其不适用于不同仪器上获得的数据之间的对比。也可以利用加入纯物质法进行定性，将纯物质加入到分析试样中，观察各组分色谱峰的相对变化，确定是否含有该纯物质。

液相色谱定量分析的理论依据：组分的含量与检测器响应信号（峰面积或峰高）成正比。实际应用中主要采用标准曲线法。用欲测组分的纯物质和溶剂配成不同浓度的标准溶液，取固定量的标准溶样进样分析，从色谱图上测出响应信号（峰面积和峰高），然后绘制响应信号对标准溶液浓度的标准曲线。分析时取和制作标准曲线时同样量的试样，测得响应信号，由标准曲线查其浓度。

咖啡因又称咖啡碱，属黄嘌呤衍生物，化学名称为1,3,7-三甲基黄嘌呤，可从茶叶或咖啡中提取而得到的一种生物碱。它能兴奋大脑皮层，使人精神兴奋。咖啡中含咖啡因约为1.2%～1.8%，茶叶中约含2.0%～4.7%。可乐饮料、APC药片等中均含咖啡因，其分子式为 $C_8H_{10}O_2N_4$，结构式见图2-2。

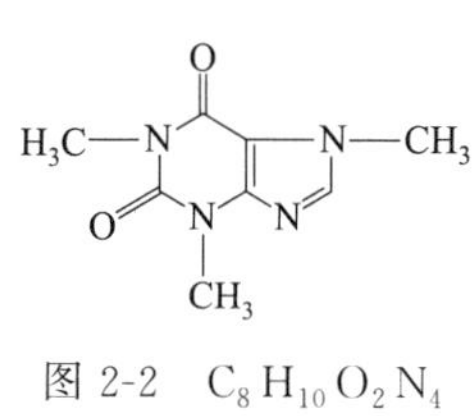

图2-2 $C_8H_{10}O_2N_4$ 的结构式

样品在碱性条件下，用氯仿定量提取，采用 C_{18} 反相液相色谱柱进行分离，用紫外检测器进行检测，以咖啡因标准溶液对色谱峰面积进行校正，利用标准曲线法进行定量分析。

三、仪器与药品

1. 仪器　高效液相色谱仪；色谱柱（C_{18} 反相液相色谱柱）；进样器（六通阀），配 10μL 定量管；注射器（25μL 平头微量注射器）。

2. 药品

（1）甲醇（色谱纯）；二次蒸馏水；氯仿（分析纯）；1mol/L NaOH；NaCl（分析纯）；Na_2SO_4（分析纯）；咖啡因（分析纯）；可口可乐；咖啡。

（2）1000mg/L 咖啡因标准储备溶液：将咖啡因在 110℃下烘干 1h。准确称取 0.1000g 咖啡因，用氯仿溶解，定量转移至 100mL 容量瓶中，用氯仿稀释至刻度线。

四、实验步骤

1. 按操作说明书使色谱仪正常工作，色谱条件如下。

柱温：室温。流动相：甲醇/水 = 60/40。流动相流量：1.0mL/min。检测波长：275nm。

2. 咖啡因标准溶液配制：分别用吸量管吸取 0.60mL、1.20mL 咖啡因标准储备液于两只 10mL 容量瓶中，用氯仿定容至刻度线，浓度分别为 60mg/L、120mg/L。

3. 样品处理：①将约 100mL 可口可乐置于 250mL 洁净、干燥的烧杯中，剧烈搅拌 30min 或用超声波脱气 5min，以赶尽可口可乐中二氧化碳；②准确称取 0.25g 咖啡，用蒸馏水溶解，定量转移至 100mL 容量瓶中，定容至刻度线，摇匀。

将上述两份样品溶液分别进行干过滤（即用干漏斗、干滤纸过滤），弃去前过滤液，取后面的过滤液。

分别吸取上述两份样品滤液 25.00mL 于 125mL 分液漏斗中，加入 1.0mL 饱和氯化钠溶液、1mL 1mol/L NaOH 溶液，然后用 20mL 氯仿分三次萃取（10mL、5mL、5mL）。将氯仿提取液分离后经过装有无水硫酸钠小漏斗（在小漏斗的颈部放一团脱脂棉，上面铺一层无水硫酸钠）脱水，过滤于 25mL 容量瓶中，最后用少量氯仿多次洗涤无水硫酸钠小漏斗，将洗涤液合并至容量瓶中，定容至刻度线。

4. 标样定性和校正：调整好色谱条件，待液相色谱仪基线平直后，分别进样 10μL 的咖啡因标准溶液，采集色谱图。

5. 样品测定：分别进样 10μL 的样品溶液，采集色谱图。根据保留时间确定咖啡因色谱峰的位置。

6. 实验结束后，按要求关好仪器。

五、数据记录与处理

1. 利用色谱工作站对标准样品的色谱图进行谱图优化和积分。以两个标准溶液的色谱峰用标准溶液的浓度进行峰面积二级校正，求出校正因子和校正曲线。

2. 对样品的色谱图进行谱图优化和积分。

3. 利用上述两个标准样品的校正曲线求出样品中咖啡因的含量，单位为 mg/L。

六、注意事项

1. 测定咖啡因的传统方法是先萃取，再用分光光度法测定。由于一些具有紫外吸收的杂质同时被萃取，所以，测定结果具有一定误差。液相色谱法先经色谱柱高效分离后再检测分析，测定结果正确。

2. 不同品牌的咖啡中咖啡因含量不同，称取的样品量可酌量增减。

3. 若样品和标准溶液需保存，应置于冰箱中。

4. 为获得良好结果，标准溶液和样品的进样量要严格保持一致。

七、思考题

1. 用外标法定量的优缺点是什么？

2. 在样品干过滤时，为什么要弃去前过滤液？这样做会不会影响实验结果？为什么？

3. 能否用离子交换柱测定咖啡因？为什么？

实验二　液相色谱法分析多种硫价态化合物

一、实验目的

1. 了解一种用于多价态硫化合物的分离分析研究的方法；

2. 掌握高效液相色谱分析方法的基本理论和实验操作；

3. 掌握仪器的使用和实验数据的处理以及分析方法。

二、实验原理

含硫化合物在工业很多领域中都有广泛的应用，而且在使用过程中不可避免地带来了各种形式的硫污染，另外，硫化合物的有机形式在生命科学的领域中具有重要的地位，硫的各种价态化合物在非线性领域中也是被广泛研究的对象，它们的氧化涉及硫价态一系列的变化过程而产生多种非线性现象。对硫化合物的氧化体系建立了多种分析手段，但大多都有一定的缺陷，例如化学滴定法耗费时间长，人工误差大、工序繁琐，不适合动力学研究的连续监测；而紫外法适合连续的动力学监测，但是一般化合物在 200～300nm 之间都有较强吸收，存在光谱重叠，所以只有当待测体系中某一物质具有特殊紫外吸收段时，紫外才是最好的检测手段。

高效液相色谱法是一种能够对液体混合物进行有效分离的分析方法，在硫化物动力学研究过程中，利用高效液相色谱对反应过程进行实时的分离检测，可以得到反应过程各种硫价态物质浓度的变化，从而得到动力学反应机理。

色谱定性分析的依据是在一定固定相和一定的操作条件下，每种物质都有各自确定的保留值或色谱数据，并且不受其他组分的影响。所以利用标准品的保留时间可以定性分析。定量分析依据是在一定的操作条件下，分析组分的质量或其在流动相中的浓度与检测器的响应信号（峰高或峰面积）成正比。在实验中，利用标准品的色谱校正曲线进行定量分析。

三、仪器与药品

1. 仪器　高效液相色谱仪；色谱柱（C_{18} 柱，200mm×4.6mm）；检测器（多波长紫外检测器）。

2. 药品 待测混合样品；硫脲；二氧化硫脲；三氧化硫脲；连硫脲盐酸盐（均为分析纯）。

标准溶液配制：硫脲、二氧化硫脲、三氧化硫脲、连硫脲盐酸盐四种标准物质分别配制成 0.06mmol/L 至 1.0mmol/L 之间五个浓度标准溶液。

四、实验步骤

实验条件如下。

柱温：室温。流动相：甲醇：离子对试剂（四丁基溴化铵）＝5∶95（体积比）。

流速：0.5mL/min。

1. 选择检测波长：做实验前，学生在预习实验的同时，查阅相关文献，了解硫脲、二氧化硫脲、三氧化硫脲、连硫脲盐酸盐的性质，用紫外分光光度计对这些物质进行 190～400nm 波长扫描，确定各物质的紫外吸收范围，为液相色谱的紫外检测器检测波长的选择提供依据。
2. 配制好标准溶液和流动相。
3. 开机，设置操作条件及流动相比例。
4. 打开排气阀，点击工作界面“on”按钮，开始排气，直到无气泡，关闭阀门。
5. 开始走基线，基线平直时，即可进样。
6. 进样时进样手柄处于 Load 状态，用微量注射器吸取样品 10μL，进样后，手柄快速扳到 Inject 状态，仪器自动记录色谱图。
7. 按操作 6 的方法依次进样（四种物质标准溶液），浓度由低到高，记录色谱图。
8. 进样未知浓度的样品，得到色谱图。
9. 样品完全流出色谱柱后，流动相冲洗色谱柱，基线走平后关机。

五、数据记录与处理

1. 记录实验条件。
2. 记录硫脲、二氧化硫脲、三氧化硫脲和连硫脲盐酸盐相同实验条件下的保留时间。
3. 对比标准品的色谱保留时间，定性说明每个峰代表的物质。
4. 绘制各标准物质的色谱峰面积对浓度的标准曲线。
5. 记录在硫脲不同放置时间，溶液中各物质浓度的变化，从而得到硫脲的分解规律。

六、思考题

1. 物质出峰顺序是什么？为什么？
2. 影响硫脲及其氧化物分离分解的因素是什么？

实验三 高效液相色谱法分析多环芳烃

一、实验目的

1. 了解多环芳烃性质以及分离分析方法；

2. 掌握梯度洗脱的原理和实验操作方法。

二、实验原理

多环芳烃是一类碳氢化合物，含两个或两个以上苯环的芳烃有机物，英文简写为PAHs。多环芳烃是一类强致癌的有机污染物质，对人类和动物可造成不可逆的身体伤害。石油化工、煤炭燃烧、汽车尾气等都会产生多环芳烃。多环芳烃的检测可以采用高效液相色谱法，由于其成分复杂，需采用梯度洗脱的方法进行分离。

色谱柱洗脱一般分为两种：等度洗脱和梯度洗脱。等度洗脱是指实验过程中只用一种流动相，也就是只用一个泵，在固定流速下输送流动相，进行实验。梯度洗脱是有两种或两种以上不同的溶剂，在实验过程中按照被检测物的极性和结构，选择合适的流动相比例将被检测物质洗脱出来，从而可以将复杂样品分离出来。梯度洗脱是一种增加洗脱能力的方法。多环芳烃结构复杂，样品中的物质组成多，等度洗脱很难将多种物质分离出来，会出现峰重叠、不出峰等情况。等度洗脱适合组成简单，可通过一种溶剂、同一流速将物质分离出来的样品。而梯度洗脱，通过流动相和流速的变化，将复杂的物质洗脱出来。多种多环芳烃分离测定时选用梯度洗脱。梯度洗脱所用的溶剂纯度要求更高，要保证好的重现性。在对样品进行分析前必须要进行空白梯度洗脱，以辨认溶剂的杂质峰，因为弱溶剂中的杂质富集在色谱柱头上后会被强的溶剂洗脱出来，用于梯度洗脱的溶剂需要彻底脱气，以防止溶剂混合时产生气泡。因此，在进样前需对有机相和水相进行脱气处理。本实验将有机相通过装有0.22μm有机滤膜的抽滤装置进行脱气处理，并将细小杂质过滤出来；水相要选择超纯水，经过0.45μm的水系膜进行超声脱气处理后待用。

三、仪器和药品

1. 仪器　高效液相色谱仪（具有梯度洗脱功能）；紫外检测器；色谱柱（C_{18}柱，5μm，4.6mm×250mm）；流动相［乙腈＋水（使用前用超声波脱气）］；10μL注射器。

2. 药品　标准物质/甲醇中苊溶液；标准物质/乙腈中二氢苊溶液；标准物质/乙腈中芴溶液；标准品/乙腈中苯并［a］芘；标准品/甲醇中萘溶液标；乙腈（CH_3CN）（色谱纯）；甲醇（CH_3OH）（色谱纯）；超纯水；未知水样。

四、实验步骤

1. 按操作说明书使色谱仪正常工作，色谱条件如下。

检测波长：228nm。梯度洗脱条件（水和乙腈梯度洗脱）：0～1min，乙腈60%；1～28min，乙腈60%～100%；28～36min，维持乙腈100%，流速2.0mL/min。柱温为35℃。

2. 五种标准品分别用甲醇配制成1μg/mL的测试标准样品。

3. 标样定性和校正：调整好色谱条件，待液相色谱仪基线平直后，分别进样10μL的五种多环芳烃标准溶液，采集色谱图。

4. 样品测定：进样10μL的水样溶液，采集色谱图。确保五种多环芳烃能够得到基线。

5. 实验结束后，按要求关好仪器。

五、数据记录与处理

1. 根据标准样品的色谱峰，确定其保留时间。

2. 根据测定未知试样色谱峰中每一种物质的保留时间，与标准色谱图比较，标出未知试样中每一个峰代表什么化合物。

六、思考题

1. 解释未知试样中各组分的洗脱顺序。

2. 梯度洗脱为什么能够增加洗脱能力？溶剂比例的变化依据是什么？

第三部分　毛细管电泳色谱分析

实验一　毛细管电泳色谱分析溶液中的阴离子

一、实验目的

1. 学习并掌握毛细管电泳的基本原理和仪器的基本操作；

2. 利用间接紫外法测定阴离子的含量；

3. 掌握间接紫外法检测的基本原理。

二、实验原理

毛细管电泳（CE）自1981年问世以来，主要是用于生物制品、药物等的分离分析，无机阴离子的毛细管电泳是20世纪90年代初发展起来的一个新的分支，该方法在毛细管电泳体系中应用含有电渗流改性剂的特殊电解质溶液，使常见阴离子在短时间内得以完全分离，开拓了毛细管电泳在小分子离子领域中的应用。

毛细管电泳（CE）的优点主要概括为三高两少：高灵敏度，高分辨率，高速度；样品用量少，流动相用量少。

当把一个带静电荷（q）的颗粒放入电场时，其所受电场力（F）的大小可表示为：$F=Eq$，由于F的作用，带电颗粒在电场中向一定方向泳动。此颗粒还受到一个相反方向的摩擦力（fv）的阻挡。当二力相等时，颗粒则以电泳速度（v）向前泳动：

$$v=F/f=(Eq)/f \tag{2-13}$$

式中，f为摩擦系数。

根据斯托克斯（Stokes）公式，阻力大小取决于带电颗粒的大小、形状以及所处的介质黏度，即：

$$f=6\pi r\eta \tag{2-14}$$

式中，r为表观液体动力学半径；η为介质黏度系数。

该公式指球形颗粒所受到的阻力。将式（2-13）代入则有：

$$v=(E\cdot q)/f=(E\cdot q)/6\pi r\eta=(q/r)\cdot(E/6\pi\eta) \tag{2-15}$$

因此，对于电荷不等、流体力学性质不同的溶质分子，在电场作用下迁移速度不同从而能够被分离。

对于 CE 中常用的石英毛细管而言，当柱中溶液的 pH 大于 4 时，由于其内表面上硅羟基的解离而带负电，此时溶液中的阳离子会聚集在液-固界面处形成双电层。在高电压作用下，双电层中的水合阳离子向负极方向迁移，由于毛细管的管径极细，在溶液毛细张力的作用下，水合阳离子的迁移会引起管内流体的流动，形成电渗流（EOF）。

电渗流是 CE 中推动流动相前进的驱动力，它使整个流体像一个塞子一样以均匀的速度向前泳动。毛细管内流动相的流形是近似扁平型的“塞流式”，使溶质区带在毛细管内原则上不会扩散。

待测组分的迁移速度＝电泳速度＋电解质溶液的电渗流速。注意这里的速度都是矢量。

由于待测的阴离子（Cl^-、Br^- 等）对紫外线几乎没有吸收能力，因此需要使用间接紫外法检测这些离子。在本实验中选用对紫外线有较强吸收能力的 CrO_4^{2-} 作为缓冲剂，一方面是因为 CrO_4^{2-} 可提供强紫外吸收背景，当没有紫外吸收能力的待测离子取代了带有相同电荷的 CrO_4^{2-} 时，就会相应地检测到一个倒峰；另一方面是因为 CrO_4^{2-} 作为电解质在电泳过程中起到了导电载体的作用，且其淌度与待测粒子的淌度接近，因而可得到比较对称的电泳峰。

在缓冲溶液中还有少量的十六烷基三甲基溴化铵（CTAB）作为电渗流改性剂，CTAB 在毛细管壁上的吸附，使原本由正极流向负极的电渗流变为由负极流向正极，这样可以提高分析速度，并得到较好的电泳峰。

三、仪器和药品

1. 仪器　Beckman P/ACE 电泳仪；75μm i. d. ×50/57cm 石英毛细管；分离电压（16kV，负极进样，正极检测）；分离时间（10min）；进样时间（3s，8kV 电动进样）；检测器（紫外检测器，间接检测）；柱温：25℃。

2. 药品　NaOH；标准溶液［用 250mL 容量瓶配制浓度为 25mmol/L 的 Cl^- 标准溶液（已配好），分别移取 0.1mL、0.25mL、0.5mL、1mL 至 25mL 容量瓶定容，浓度分别为 0.1mmol/L、0.25mmol/L、0.5mmol/L、1mmol/L］。

四、实验步骤

1. 打开 Beckman P/ACE MDQ 毛细管电泳仪和工作站的电源，进入 32 Karat 软件，根据上面所给的条件设置仪器参数。

2. 在每次分离之前，分别用 0.1mol/L NaOH 溶液清洗毛细管 1min，用缓冲液平衡毛细管 3min（可依据实际情况作调整）。

3. 对混合样进行分析，分析各组分的迁移时间。

4. 用配制好的标准溶液分别进样进行定量标定。

5. 在上述条件下对自来水样品中的无机阴离子进行分析。

五、数据记录与处理

1. 绘制标准曲线。

2. 计算未知样品中各离子的浓度。

六、注意事项

实验过程中，应及时补充清洗毛细管用的水、酸、碱和缓冲溶液。缓冲液每三小时需重新更换，调节 pH，否则 pH 会降低，不能保证分析的重现性。

分离过程中，单位长度毛细管的功率应低于 0.05W/cm，以免损坏毛细管。

在直接控制窗口点击“load”，待样品托盘推出后才可以打开盖子放入小玻璃瓶，并且实验过程中，必须等仪器将上一步操作完成后方能进行下一步操作。

每次在工作站中对参数或方法更改后都要仔细检查确认，在对进样的瓶号和位置更改后要检查是否与电泳仪中的实际位置相符合。

在实验结束后，用去离子水清洗毛细管 10min，再用空气冲洗 10min，以免残留的缓冲液堵塞毛细管。

七、思考题

1. 解释 pH 对组分迁移速度的影响。
2. 实验中，哪些因素可以改变离子的迁移时间？

实验二　毛细管电泳色谱分析溶液中的有机化合物

一、实验目的

1. 熟悉毛细管区带电泳分析的原理和操作；
2. 了解在毛细管区带电泳中分离电压对迁移时间的影响。

二、实验原理

本实验是运用毛细管区带电泳对 3 种有机化合物进行分离分析。在一定的电场强度下，各组分的迁移速度与场强及其淌度和电渗流淌度的关系如下：

$$v=(\mu_{ep}+\mu_{eo})/E \tag{2-16}$$

式中，v 是待测组分的迁移速度，m/s；E 是外加电场强度，V/m，等于分离电压除以毛细管总长度；μ_{ep} 是待测组分淌度，m^2/（s·V）；μ_{eo} 是电渗流淌度，m^2/（s·V）。

在一定的实验条件下，待测组分的有效淌度不同，在给定电场强度下的迁移速度也不同，从而达到将待测组分分离的目的。

三、仪器与药品

1. 仪器　Beckman P/ACE 毛细管电泳仪。

2. 药品　缓冲溶液（用去离子水配制 20mmol/L 磷酸二氢钠缓冲溶液，用 0.1mol/L NaOH 调节缓冲溶液的 pH 为 5.8）；样品溶液（吡啶、苯酚、苯甲酸钠储备液的浓度均为

1%，实验前用去离子水稀释 5 倍进样）。

四、实验步骤

1. 打开 Beckman P/ACE 毛细管电泳仪和控制计算机的电源，进入工作软件，仪器参数设置如下。毛细管：75μm i. d. ×40/47cm 石英毛细管。分离电压：20kV（正极进样，负极检测）。分离时间：20min。进样时间：5s（压力进样）。温度：常温。检测器：紫外检测器（波长 254nm）。

2. 在每次分离之前，分别用 0.1mol/L NaOH 溶液和去离子水清洗毛细管 1min，用分离缓冲溶液平衡毛细管 3min。

3. 分别对单组分样品进样分析，确定各组分的迁移时间。

4. 进样混合样品，在相同的条件下进行分离。

5. 依次改变分离电压为 15kV、25kV、30kV，考察分离电压的改变对各组分迁移时间的影响，以及对混合样品分离的影响。

五、数据记录与处理

记录各个组分在不同分离电压下的迁移时间，讨论分离电压对组分迁移速度的影响。注意：在指定的实验条件下，电渗流淌度和正离子的淌度为正值，而负离子淌度为负值。

六、思考题

1. 根据三种物质的酸碱解离常数，确定各自在分离条件下的形态及其极性，试解释三种组分的出峰次序。

2. 讨论电压对组分迁移时间的影响。

实验三　毛细管电泳色谱法测定食品中防腐剂

一、实验目的

1. 熟悉毛细管电泳测定食品中防腐剂的原理和方法；

2. 了解毛细管电泳分离度的影响因素。

二、实验原理

现代化的食品生产要求食品能够方便贮存和运输，防腐剂既能使食品保存期延长，也能防止食品腐败变质，因此被广泛应用于食品生产中。但是食品防腐剂的过量使用会对人体健康造成较大的危害，伤害人体正常机能，降低人体免疫力。所以要合理使用防腐剂。本实验采用毛细管电泳分离检测对羟基苯甲酸甲酯、山梨酸钾和苯甲酸三种防腐剂，分离原理同毛细管区带电泳。

三、仪器与药品

1. 仪器　Beckman P/ACE 毛细管电泳仪；未涂层的熔融石英毛细管管柱（60cm×50μm，有效长度 52cm）；超声波清洗器；pH 测定仪。

2. 药品　可口可乐饮料或芬达饮料；对羟基苯甲酸甲酯；山梨酸钾；苯甲酸；无水乙醇；盐酸；硼砂；氢氧化钠（所用药品均为分析纯）。

四、实验步骤

1. 溶液配制：准确称取对羟基苯甲酸甲酯、山梨酸钾、苯甲酸各 0.1g，分别置于小烧杯中，用适量的无水乙醇溶解并定容至 100mL 容量瓶中，配制成 1.0g/L 标准样品溶液。

称取一定量的硼砂置于烧杯中，用二次蒸馏水溶解，全部转移并定容于 250mL 容量瓶中，配制成 20mmol/L 的硼砂溶液。用 NaOH 调节 pH 为 9.2。

对样品分别进行超声脱气，并进行适当的稀释。

实验前，溶液均用孔径为 0.45μm 的超滤膜过滤。

2. 打开 Beckman P/ACE 毛细管电泳仪和控制计算机的电源，进入工作软件，仪器参数设置如下。分离电压：22kV。分离时间：20min。进样时间：15s（压力进样）。温度：常温。检测器：紫外检测器，波长 230nm。

3. 开机前，毛细管依次用 1mol/L 的 HCl 冲洗 5min，水冲洗 5min，1mol/L NaOH 冲洗 10min，水冲洗 5min，缓冲溶液冲洗 10min。每两次进样之间毛细管都要用缓冲溶液冲洗 2～3min。

4. 配制 0.2mmoL/L、0.4mmoL/L、0.6mmoL/L、0.8mmoL/L、1.0mmoL/L 的一系列浓度的对羟基苯甲酸甲酯、山梨酸钾和苯甲酸混合标准溶液，进样分析，确定各组分的迁移时间以及峰面积。

5. 进样汽水或饮料样品，在相同的条件下进行分离检测。

五、数据记录与处理

1. 记录混合标准样品中三组分的迁移时间，并计算其分离度。

2. 以浓度为横坐标，峰面积为纵坐标，绘制对羟基苯甲酸甲酯、山梨酸钾和苯甲酸三组分标准曲线。

3. 根据迁移时间定性分析饮料中的防腐剂种类，并根据标准曲线进行含量分析。

六、思考题

1. 毛细管在使用前，为什么要进行酸洗，碱洗？

2. 缓冲溶液的浓度和 pH 对分离效果有何影响？

第三章 电化学分析

第一节 概述

应用电化学的基本原理和实验技术，依据物质电化学性质来测定物质组成及含量的分析方法称为电化学分析或电分析化学。它通常使待测分析的试样溶液构成一化学电池（原电池或电解池），然后根据所组成化学电池的某些物理量（如两极间的电位差，电解质溶液的电阻，通过电解的电流或电量等）与其化学量（如浓度）之间的联系来进行测定。

电化学分析法可以分为以下三类。

第一类是通过试液的浓度在某一特定实验条件下与化学电池中某些物理量的关系来进行分析的。这些物理量包括电极电位（电位分析等）、电阻（电导分析等）、电荷量（库仑分析等）、电流-电压（伏安分析等）等。这些方法是电化学分析法中很重要的一大类。

第二类方法是以上述这些电物理量的突变作为滴定分析中终点的指示，所以又称为电容量分析法。这一类方法包括电位滴定、电流滴定、电导滴定等。

第三类方法是将试液中某一个待测组分通过电极反应转化为固相（金属或其氧化物），然后由工作电极上析出的金属或其氧化物的质量来确定该组分的量。这一类方法实质上是一种质量分析法，只是不使用化学沉淀剂而已。所以这类方法称为电重量分析法，也即通常所称的电解分析法。这种方法在分析化学中也是一种重要的分离手段。

电化学分析时要把测定的对象构成一个化学电池的组成部分，通过测量电池的某些物理量，如电位、电流、电导或电量等，求得物质的含量或测定某些化学性质。化学电池是化学能与电能的转换装置，它是由电极和电解质溶液（待测液和标准溶液）构成的系统。电化学分析中常采用电极如下。①参比电极。电极电位恒定，不受溶液组成或电流流动方向变化影响的电极叫参比电极。它是测定研究电极电势的参考点。在测量中参比电极不发生极化，且电势稳定。参比电极与研究电极构成的回路几乎没有电流通过，只作为研究电极提供电位的参照标准。水溶液中常用的参比电极有标准氢电极、甘汞电极和银-氯化银电极等。②研究电极，也称工作电极，是被研究的对象。如电解分析和库仑分析中用的 Pt 电极系统；电位分析和电位型传感器中用的离子选择性电极；极谱与伏安分析用的滴汞、铂碳或微铂电极。工作电极的材料及形状可根据实验要求来定，如柱形的玻碳电极、铂电极等，片状的铜电极等。③辅助电极，也称对电极。它的作用是与研究电极一起使电流形成通路，保证研究电极的极化，其面积往往比研究电极大得多，这样通过辅助电极的电流密度就很小。在电化学实验测量中，要求辅助电极上发生的反应对研究电极的影响较小或者几乎没有，或者辅助电极不参与反应。

电化学分析法灵敏度和准确度都很高，手段多样，分析浓度范围宽，能进行组成、状态、价态和相态分析，适用于不同体系的分析。由于电化学分析法拥有许多优点，它的应用面很广，应用领域有化学平衡常数测定；化学反应机理研究；化学工业生产流程中的监测与自动控制；环境监测与环境信息实时发布；生物、药物分析；活体分析和监测（超微电极直接刺入生物体内）等。由于测量信号是电导、电位、电流、电量等信号，不存在分析信号的转换，因而装置简单、小型，并易于自动化和连续分析。

本章设置六个实验，两个经典的基本验证实验，两个综合实验，两个我校科教结合的特色实验。六个实验包含了多种电化学测试方法，有直接电位法、库仑滴定法、溶出伏安法、循环伏安法、脉冲伏安法、计时电流法、线性电位扫描法、电化学阻抗法等。

第二节　实验部分

实验一　离子选择性电极测定饮用水和牙膏中的氟离子

一、实验目的

1. 掌握直接电位法的测定原理及实验方法；
2. 学会使用离子选择性电极的测量方法和数据处理方法。

二、实验原理

氟离子选择性电极是一种以氟化镧（LaF_3）单晶片为敏感膜的传感器。由于单晶结构对能进入晶格交换的离子有严格限制，故有良好的选择性。将氟化镧单晶掺入微量氟化铕（Ⅱ）以增加导电性，封在塑料管的一端，管内装有 0.1mol/L NaF 和 0.1mol/L NaCl 溶液，以 Ag-AgCl 或 $Hg\text{-}Hg_2Cl_2$ 电极为参比电极，构成氟离子选择性电极。用氟离子选择性电极测定水样时，以氟离子选择性电极作指示电极，以饱和甘汞电极（SCE）作参比电极，组成的测量电池为：

$$Hg,Hg_2Cl_2\,|\,KCl(饱和)\,\|\,F^-\,试液\,|\,LaF_3(10^{-3}\,mol/L)$$

电池的电动势（E）随溶液中氟离子浓度的变化而改变，即：

$$\begin{aligned}E(电池)&=E(SCE)-E(F)\\&=E(SCE)-k+\frac{RT}{F}\ln a(F^-,外)\\&=K+\frac{RT}{F}\ln a(F^-,外)\end{aligned}$$

$$=K+0.059\lg a(\text{F}^-,\text{外}) \tag{3-1}$$

式中，0.059为常温下电极的理论响应斜率；K与内外参比电极、内参比溶液中F^-活度有关，当实验条件一定时为常数。

用离子选择性电极测量的是溶液中离子的活度，而通常定量分析需要测量的是离子的浓度，所以必须控制试液的离子强度。如果测量试液的离子强度维持一定，则上述方程可表示为：

$$E(\text{电池})=K+0.059\lg c_{\text{F}^-} \tag{3-2}$$

用氟离子选择性电极测量F^-时，最适宜pH范围为5.5~6.5。pH过低，易形成HF，影响F^-的活度；pH过高，易引起单晶膜中La^+的水解，形成$La(OH)_3$，影响电极的响应，故通常用pH约为6的柠檬酸盐缓冲溶液来控制溶液的pH。某些高价阳离子（如Al^{3+}、Fe^{3+}）及氢离子能与氟离子配位而干扰测定，而柠檬酸盐可以消除Al^{3+}、Fe^{3+}的干扰。在碱性溶液中，氢氧根浓度大于氟离子浓度的1/10时也有干扰，而柠檬酸盐可作为总离子强度缓冲溶液（total ionic strength adjustment buffer，TISAB），以消除标准溶液与被测溶液的离子强度差异，使离子活度系数保持一致。

氟离子选择性电极法具有测定简便、快速、灵敏、选择性好等优点，可测定浑浊、有色水样。最低检出浓度为0.05mg/L（以F^-计）；测定上限可达1900mg/L（以F^-计）。适用于地表水、地下水和工业废水中氟化物的测定。

由于适当摄入氟元素会坚固牙齿、增强骨骼强度，因此在牙膏中通常会添加少氟元素，国家标准规定含氟牙膏中允许的氟含量为0.05%~0.15%。若不按规定添加则不利于牙齿的健康。其测定方法很多，其中应用最广泛的是氟离子选择性电极法，这种方法准确度高，选择性好，操作简单快捷，设备简单。

离子选择性电极的测定体系由离子选择性电极和参比电极构成，测定离子浓度有两种基本方法：①标准曲线法，先测定已知离子浓度的标准溶液的电位E，以电位E对$\lg c$作标准曲线，由测得的未知样品的电位值，在E-$\lg c$曲线上求出分析物的浓度；②标准加入法，首先测定待分析物的电位E_1，然后加入已知浓度的分析物，记录电位E_2，通过能斯特方程，由E_1和E_2可求出待分析物的浓度。本实验测定氟离子采用标准曲线法。

三、仪器和药品

1. 仪器　离子计或pH/mV计；电磁搅拌器；氟离子选择性电极；饱和甘汞电极。

2. 药品　氟离子标准溶液（0.100mol/L）；柠檬酸钠缓冲溶液（0.5mol/L，用1∶1盐酸中和至pH≈6）。

四、实验步骤

1. 连接并预热仪器

将氟离子选择性电极和饱和甘汞电极分别与离子计或pH/mV计相接，开启仪器开关，预热仪器。

2. 清洗电极

取去离子水50~60mL至100mL的烧杯中，放入搅拌磁子，插入氟离子选择性电极和饱和甘汞电极。开启电磁搅拌器，2～3min后，若读数大于－200mV，则更换去离子水，继续清洗，直至读数小于－200mV。

3. 标准溶液的配制及测定

准确移取5.00mL 0.100mol/L的氟离子标准溶液于50mL容量瓶中，加入0.5mol/L的柠檬酸钠缓冲溶液5.0mL，用去离子水稀释至刻度线，摇匀。用逐级稀释法配成浓度分别为10^{-2}mol/L、10^{-3}mol/L、10^{-4}mol/L、10^{-5}mol/L、10^{-6}mol/L的一组标准溶液。逐级稀释时，只需添加4.5mL的柠檬酸钠缓冲溶液。

分别倒出部分标准溶液于塑料烧杯中，放入搅拌磁子，插入已经洗净的电极，搅拌1min，停止搅拌后，读取稳定的电位值（或一直搅拌，待读数稳定后，读取电位值）。按低至高浓度顺序依次测量，每测量1份试液，无需清洗电极，只需用滤纸沾去电极上的水珠。测量结果列表记录。

4. 水样的测定

取水样25.0mL，置于50mL容量瓶中，加0.5mol/L柠檬酸钠缓冲溶液5.0mL，用去离子水稀释至刻度线并摇匀。倒出部分于塑料烧杯中，放入搅拌磁子，插入干净的电极进行测定，按标准溶液测定操作步骤中的方法读取稳定电位值。

5. 牙膏中游离的氟离子含量的测定

准确称取0.2g左右的牙膏样品（准确至0.0001g）于50mL塑料烧杯中。先用去离子水使牙膏样品均匀分散，无固体物质后转移至塑料容量瓶中，加入5mL柠檬酸钠缓冲溶液，用水定容至刻度线（可能会有少量气泡），缓慢摇匀（防止生成大量泡沫）。定容后不盖塞子，超声振荡10min。超声后的溶液分装在4支10mL离心试管中。以2000r/min转速离心10min，将上清液转移至塑料烧杯中。按上述操作步骤用已经清洗至空白值的电极测量电位，读数。测定结果为样品中游离氟的含量，如欲测定牙膏中可溶氟含量，牙膏用去离子水处理，得到的溶液加入4mol/L HCl，50℃水浴加热（消解液加盖）10min，用NaOH中和HCl，再加入柠檬酸钠缓冲溶液，测量电位。

实验结束后，电极用水清洗至测得的电位值约为－320mV（复原）或以上，用滤纸蘸干，套上胶套放入盒中。洗净实验器具，摆放整齐，关闭酸度计和电磁搅拌器。

五、数据记录与处理

1. 用系列标准溶液的数据，在坐标纸上或用软件绘制$E\sim\lg c_{F}$曲线。
2. 根据水样和牙膏测得的电位值，在校正曲线上查到其对应的浓度，计算水样和牙膏中氟离子的含量（mg/L）。

六、思考题

1. 氟离子选择性电极在使用时应注意哪些问题?
2. 为什么要清洗氟离子选择性电极，使其响应电位值小于－200mV?
3. 柠檬酸钠缓冲溶液在测量溶液中起什么作用?

实验二 库仑滴定法测定硫代硫酸钠的浓度

一、实验目的

1. 掌握库仑滴定法的基本原理；

2. 掌握库仑滴定法标定硫代硫酸钠浓度的实验技术。

二、实验原理

库仑分析法是根据电解过程中消耗的电量，由法拉第定律来确定被测物质含量的一种电化学分析法。100%的电流效率是库仑分析法的先决条件。

恒电流库仑分析法是在恒定电流条件下电解，由电极反应产生的“滴定剂”与被测物质发生反应，用电化学方法（也可用化学指示剂）确定“滴定”的终点，由恒电流的大小和到达终点需要的时间计算出消耗的电量，根据法拉第定律求得被测物质的含量。这种“滴定”方法与滴定分析中用标准溶液滴定被测物质的方法相似，因此恒电流库仑分析法也称库仑滴定法。它可用于中和滴定、沉淀滴定、氧化还原滴定和配合滴定。

库仑滴定由电解系统和指示终点系统两部分组成。将强度一定的电流 I 通过电解池，并用计时器记录电解时间 t。在工作电极上通过电极反应产生“滴定剂”，该“滴定剂”立即与试液中被测物质发生反应，当达到终点时由指示终点系统指示终点到达，停止电解。根据法拉第定律，由电解电流和时间求得被测物质的质量 W（g）：

$$W=\frac{It}{96485}\cdot\frac{M}{Z} \tag{3-3}$$

式中，M 为物质的摩尔质量；Z 为电极反应中的电子计量系数。

库仑滴定指示终点的方法有化学指示剂法、电位法和永停终点法等。化学指示剂法和滴定分析用的指示剂相同。电位法如酸碱滴定，利用 pH 玻璃电极和饱和甘汞电极来指示终点 pH 的变化。永停终点法的灵敏度比较高，采用一对铂电极作为指示电极，在两电极间加上一个较低的电压（约 200mV）。如果试液中同时存在氧化态和还原态的可逆电对，则电极上发生反应，电流通过电解池。如果只有可逆电对的一种状态，所加的小电压不能使电极上发生反应，电解池中就没有电流通过。

本实验是在 H_2SO_4 介质中，以电解 KI 溶液产生的 I_2 标定 $Na_2S_2O_3$ 溶液。在工作电极上以恒电流进行电解，发生下列反应：

阳极 $$2I^- = I_2 + 2e^-$$

阴极 $$2H^+ + 2e^- = H_2$$

阳极产物 I_2 与 $Na_2S_2O_3$ 发生作用：

$$I_2 + 2S_2O_3^{2-} = S_4O_6^{2-} + 2I^-$$

由于上述反应的发生，在化学计量点之前溶液中没有过量的 I_2，不存在可逆电对，因而两个铂指示电极回路中无电流通过。当继续电解，产生的 I_2 与全部的 $Na_2S_2O_3$ 作用完毕，稍过量的 I_2 即可与 I^- 形成 $I_2/2I^-$ 可逆电对，此时在指示电极上发生下列电极反应：

指示阳极　　　　　　　　$2I^- \Longrightarrow I_2 + 2e^-$

指示阴极　　　　　　　　$I_2 + 2e^- \Longrightarrow 2I^-$

由于在两个指示电极之间保持一个很小的电位差（约 200mV），所以此时在指示电极回路中立即出现电流的突跃，以指示终点的到达。

正式滴定前，需进行预电解，以清除系统内还原性干扰物质，提高标定的准确度。

三、仪器与药品

1. 仪器　恒电流库仑滴定装置一套；磁力搅拌器；托盘天平；电解池；铂片电解阳极；铂丝电解阴极；铂片指示电极；1mL 吸量管；100mL 量筒；滴管。

2. 药品　KI 固体；1mol/L H_2SO_4 溶液；约 0.01mol/L $Na_2S_2O_3$。

四、实验步骤

1. 电解液的配制

在电解池中加入约 5g KI 固体、10mL 1mol/L H_2SO_4 溶液，再加入 90mL 去离子水。加入磁子，开动磁力搅拌器，选择适当转速。待 KI 固体全部溶解后，用滴管取少许电解液加入阴极套管中，以阴极套管中液面略高于电解池中液面为宜。

2. 仪器的设定

安装好电极，将电极引线与电极及仪器连接好。注意：电解电极引线中，红色引线接一对铂片电极作为阳极，黑色引线接铂丝电极作为阴极，不可接错。

开启电源以前，所有按键应全部处于释放位置。工作/停止开关处于停止位置，电解电流量程置于 10mA，电流微调至最大位置。

开启电源开关，预热约 10min。将电流/电压选择键置于电流位置，上升/下降选择键置于上升位置，仪器将以电流上升作为确定滴定终点的依据。按住极化电位键，调节极化电位器至所需极化电位值（约 250mV），松开极化电位键。

3. 预电解

在电解池中加入几滴待标定的 $Na_2S_2O_3$ 溶液，按下启动键，然后按一下电解按钮，将工作/停止开关置于工作位置，电解开始，电流表指针缓慢向右偏转，同时电量显示值不断增大。当电解至终点时，指针突然加速向右偏转，红色指示灯亮，电解自动停止，电量显示值也不再变化。将工作/停止开关置于停止位置，释放启动键，预电解结束。

4. 电解

准确移取 1.00mL $Na_2S_2O_3$ 溶液于电解池中，按照上述预电解步骤进行正式电解，记录到达终点时的电量值。重复上述操作 3～5 次。电解液可反复使用，不用更换。若电解池中溶液过多，可倒出部分后继续使用。

5. 电解池清洗

实验完成后，关闭电源，拆除电极引线。清洗电解池和电极，并在电解池中注入去离子水。

五、数据记录与处理

1. 计算 $Na_2S_2O_3$ 浓度：

$$[Na_2S_2O_3]=\frac{Q}{96485V}(mol/L) \tag{3-4}$$

式中，Q 为电解电量；V 为试液体积。

2. 计算浓度的平均值和标准偏差。

六、注意事项

1. 电极的极性切勿接错，若接错必须仔细清洗电极。
2. 保护管中应放 KI 溶液，使 Pt 电极浸没。
3. 每次试液必须准确移取。

七、思考题

1. 试说明永停终点法指示终点的原理。
2. 写出在 Pt 工作电极和 Pt 辅助电极上的反应。
3. 本实验中是将 Pt 阳极还是 Pt 阴极隔开？为什么？

实验三　溶出伏安法测定头发中的锌

一、实验目的

1. 掌握溶出伏安法的基本原理；
2. 学习阳极溶出伏安法的实验方法。

二、实验原理

溶出伏安法包括阳极溶出伏安法和阴极溶出伏安法。待测组分在恒定电位下富集在工作电极上，随后电极电位由负电位向正电位方向快速扫描达到一定电位，电极的金属经过氧化重新以离子状态进入溶液，在这一过程中形成相当强的氧化电流峰。在一定的实验条件下，电流的峰值与待测组分的浓度成正比，借此可对该组分进行定量分析。

本实验中，使用玻碳电极为工作电极，采用同位镀汞膜法制备汞膜电极。这种方法是在分析溶液中加入一定量的汞盐，在被测物所加的富集电位下，汞与被测物质同时沉积在玻碳电极表面，形成汞膜（汞齐）。然后反向电位扫描时，被测物从汞中溶出，产生溶出电流峰。

在酸性介质中，当电极电位控制在－0.9V（vs. SCE）时，Zn^{2+} 还原并与 Hg^{2+} 一起沉积在电极表面形成汞齐膜。然后阳极化扫描至－0.2V 时，在－0.4V 左右出现锌的溶出电流峰，在一定范围内电流峰与锌浓度成正比，可用于锌的定量分析。

本实验采用标准加入法进行定量测定。其计算公式为：

$$c_x=\frac{c_sV_sh_x}{H(V_x+V_s)-h_xV_x} \tag{3-5}$$

式中，c_x、V_x、h_x 分别为试样的浓度、体积和溶出峰的峰高；c_s、V_s 分别为加入标准溶液的浓度和体积；H 为加入标准溶液后，测得的溶出峰的峰高。

三、仪器和试剂

1. 仪器　电化学工作站；玻碳工作电极；甘汞电极及铂电极组成的测量电极系统；磁力搅拌器；电解池；容量瓶（25mL，2 只）。

2. 试剂　1.0×10^{-5}mol/L Zn^{2+} 标准溶液；5.0×10^{-3}mol/L $Hg(NO_3)_2$ 标准溶液；1.0mol/L HCl 溶液；0.5mol/L H_2SO_4 溶液。

四、实验步骤

1. 头发的取样和处理

(1) 用不锈钢剪刀剪取脑后枕部头发约 0.5g，剪成小段，用 1% 中性洗涤剂浸泡 30min，并用玻璃棒不停搅动。先用自来水冲洗数次，再用二次蒸馏水冲洗数次，沥干，放入烘箱（约 80℃）烘干，保存备用。

(2) 发样消解。准确称取上述发样 0.2g 放入锥形瓶中，加入 5mL 混合酸（浓硝酸∶高氯酸为 9∶1），置于电热板上加热消解，至不冒白烟，加水，继续加热驱除残存酸至干，重复 2～3 次。取下冷却后加入二次蒸馏水，转移到 50mL 容量瓶中，之后加入 7.5mL 1.0mol/L HCl 溶液作为底液，再用二次蒸馏水定容，混匀，待测。

2. 玻碳电极的准备

将玻碳电极打磨成镜面，用蒸馏水超声洗净，放入电解池中，在电解池中加入约 20mL 0.5mol/L H_2SO_4 溶液，进行循环伏安扫描，至循环伏安图呈稳定背景电流曲线时停止扫描，取出玻碳电极，用蒸馏水冲洗干净。

3. 样品中锌的测定

分别取 10.00mL 样品溶液加入 2 只 25mL 容量瓶中，再分别加入 5×10^{-3}mol/L $Hg(NO_3)_2$ 溶液 1mL，1.0mol/L HCl 溶液 5mL。在其中一只容量瓶中加入 1.0×10^{-5}mol/L Zn^{2+} 标准溶液 1mL。用蒸馏水稀释至刻度线，摇匀。

将未加标准溶液的样品溶液置于电解池中，通纯氮气 10min 除氧。加入磁子，开动磁力搅拌器。

在工作界面上选择“脉冲计数”-“差分脉冲溶出伏安法”，设置以下参数，进行测定：起始电位 −0.9V，电沉积电位 −0.9V，终止电位 −0.2V，电位增量 20mV，脉冲幅度 50mV，脉冲宽度 0.05s，脉冲间隔 2s，电沉积时间 180s，平衡时间 30s。

在富集过程完成后，应及时关闭磁力搅拌器，溶出过程应该在静止溶液中进行。测定完成后，用加入标准溶液后的样品溶液重复上述操作。

4. 电极的清洗

测定完成后，在电解池中加入约 20mL 0.5mol/L H_2SO_4 溶液，放入磁子，在主控界面上选择“电位阶跃技术”-“单电位阶跃计时电流法”，设置下述参数：初始电位－0.1V，阶跃电位 0.1V，等待时间 1s，采样间隔 1s，采样点数 200。

启动磁力搅拌器，进行实验。

实验完成后，退出主控程序，关闭工作站电源及计算机电源，断开电极引线，用蒸馏水清洗电极及电解池。

五、数据记录与处理

1. 列表记录各项试验数据。
2. 按标准加入法计算样品溶液中锌的浓度。

六、思考题

1. 结合本实验说明阳极溶出伏安法的基本原理。
2. 溶出伏安法为什么有较高灵敏度？
3. 阳极溶出伏安法有哪些特点？

实验四 铁氰化钾的电极过程动力学参数测定

一、实验目的

1. 学习固体电极表面的处理方法；
2. 掌握循环伏安法、常规脉冲伏安法和计时电流（电量）法的基本原理；
3. 了解上述方法的实验操作和电极过程动力学参数的应用。

二、实验原理

1. 循环伏安法

循环伏安法（cyclic voltammetry，CV），是在工作电极（如铂电极）上，加上对称的三角波扫描电势，即从起始电势 E_0 开始扫描到终止电势 E_1 后，再回扫至起始电势，记录得到相应的电流-电势（i-E）曲线。图 3-1 中表明：在三角波扫描的前半部，记录峰形的阴极波，后半部记录的是峰形的阳极波。一次三角波电势扫描，电极上完成一个还原-氧化循环，从循环伏安图的波形及其峰电势（φ_{pc} 和 φ_{pa}）和峰电流可以判断电极反应的机理。

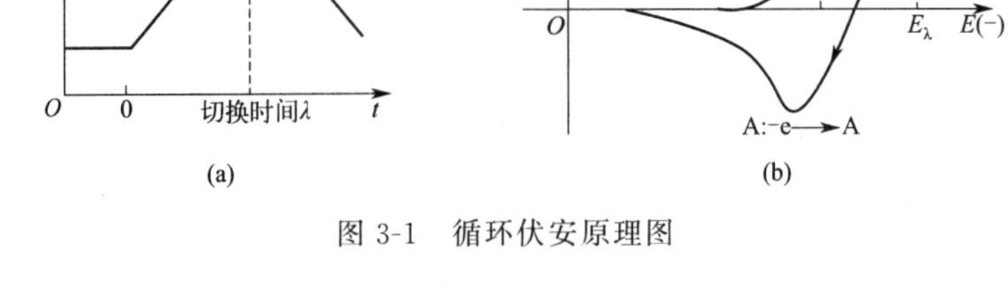

图 3-1 循环伏安原理图

表 3-1　电极反应可逆性的判据

	可逆 $O+ne^- \rightleftharpoons R$	准可逆	不可逆 $O+ne^- \longrightarrow R$
电势响应的性质	E_p 与 v 无关，25℃时 $\Delta E_p=\frac{59}{n}$mV，与 v 无关	E_p 随 v 移动。低速时，$\Delta E_p\approx\frac{60}{n}$mV，但随着 v 的增加而增加，接近于不可逆	V 增加 10 倍，E_p 移向阴极$\frac{30}{an}$mV
电流函数的性质	$(i_p/v^{\frac{1}{2}})$与 v 无关	$(i_p/v^{\frac{1}{2}})$与 v 无关	$(i_p/v^{\frac{1}{2}})$与 v 无关
阳极电流与阴极电流比的关系	$i_{pa}/i_{pc}\approx1$，与 v 无关	仅在 $a=0.5$ 时，$i_{pa}/i_{pc}\approx1$	反扫或逆扫时没有相应的氧化或还原电流

循环伏安法是一种十分有用的电化学测量技术，能够迅速地观察到所研究体系在广泛电势范围内的氧化还原行为，对循环伏安图分析，可以判断电极反应产物的稳定性，这时不仅可以发现中间状态产物并加以鉴定，而且可以知道中间状态是在什么电势范围及其稳定性。此外，还可以研究电极反应的可逆性。因此，循环伏安法已广泛应用在电化学、无机化学、有机化学和生物化学的研究中。

一般在测定时，由于溶液中被测样品浓度一般都非常低，为维持一定的电流，常在溶液中加入一定浓度的惰性电解质，如 KCl、KNO_3、$NaClO_4$ 等。典型的循环伏安图如图 3-2 所示。图 3-2 是在 0.4mol/L KNO_3 电解质溶液中，5.0×10^{-4}mol/L 的 $K_3Fe(CN)_6$ 在 Pt 工作电极上反应得到的结果。扫描速度为 10mV/s，铂电极面积为 2.6mm^2。

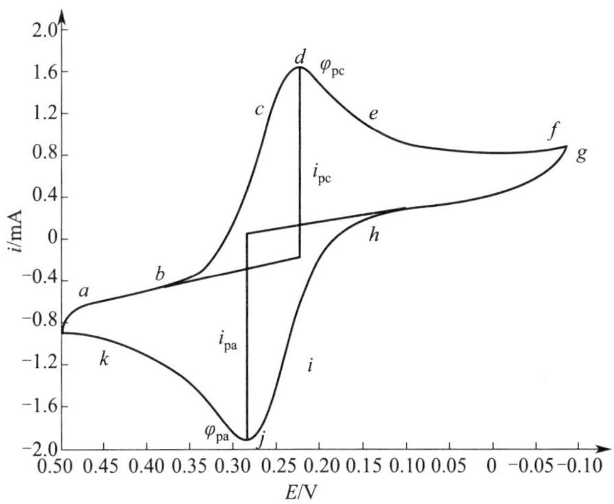

图 3-2　典型的循环伏安图

由图 3-2 可见，起始电位 E_i 为+0.50V（a 点），电位比较正的目的是避免电极接通后 $[Fe(CN)_6]^{3-}$ 发生电解。然后沿负的电位扫描，当电位至 $[Fe(CN)_6]^{3-}$ 可还原时，即析出电位，将产生阴极电流（b 点）。其电极反应为 $[Fe(CN)_6]^{3-}+e^- \Longleftrightarrow [Fe(CN)_6]^{4-}$。随着电位的变负，阴极电流迅速增加（$bcd$），直至电极表面的 $[Fe(CN)_6]^{3-}$ 浓度趋近于零，电流在 d 点达到最高峰。然后迅速衰减（$d\longrightarrow e\longrightarrow f$），这是因为电极表面附近溶液中的 $[Fe(CN)_6]^{3-}$ 几乎全部因电解转变为 $[Fe(CN)_6]^{4-}$ 而耗尽，即贫乏效应。当电压扫描至 −0.10V（g 点）处，虽然已经开始转向阳极化扫描，但这时的电极电位仍相当负，扩散至电极表面的 $[Fe(CN)_6]^{3-}$ 仍在不断地被还原，故仍呈现阴极电流，而不是阳极电流。当电极电位继续正向变化至 $[Fe(CN)_6]^{4-}$ 的析出电位时，聚集在电极表面附近的还原产物 $[Fe(CN)_6]^{4-}$ 被氧化，其反应为 $[Fe(CN)_6]^{4-} - e^- \rightleftharpoons [Fe(CN)_6]^{3-}$，这时产生阳极电流（$ijk$）。阳极电流随着扫描电位正移迅速增加，当电极表面的 $[Fe(CN)_6]^{4-}$ 浓度趋近于零时，阳极化电流达到峰值（j 点）。扫描电位继续正移，电极表面附近的 $[Fe(CN)_6]^{4-}$ 耗尽，阳极电流衰减至最小（k 点）。当电位扫至+0.50V 时，完成一次循环，获得了循环伏安图。

简而言之，在正向扫描（电位变负，阴极向扫描）时，$[Fe(CN)_6]^{3-}$ 在电极上还原产生阴极电流而指示电极表面附近它的浓度变化的信息。在反向扫描（电位变正，阳极向扫描）时，产生的 $[Fe(CN)_6]^{4-}$ 重新氧化产生阳极电流而指示它是否存在和变化。因此，循环伏安能循序提供电活性物质电极反应过程的可逆性、化学反应历程、电极表面吸附等许多信息。

循环伏安图中可得到的几个重要参数：阳极峰电流（i_{pa}）、阴极峰电流（i_{pc}）、阳极峰电位（φ_{pa}）和阴极峰电位（φ_{pc}）。测量确定 i_p 的方法是：沿着基线作切线外推至峰下，从峰顶至切线，其间高度即为 i_p。φ_p 可直接从横轴与峰顶对应处读取。

可逆氧化还原电对的电位：$$\varphi^{\ominus} = \frac{\varphi_{pa} + \varphi_{pc}}{2} + \frac{0.029}{n}\lg\frac{D_O}{D_R} \tag{3-6}$$

而两峰之间的电位差值（mV）为：$$\Delta\varphi_p = \varphi_{pa} - \varphi_{pc} \approx \frac{59}{n} \tag{3-7}$$

对可逆体系的正向峰电流，由 Randles-Savick 方程可表示为：

$$i_p = 2.69 \times 10^{-5} A n^{3/2} D_O^{1/2} v^{1/2} c_O \tag{3-8}$$

式中，i_p 为峰电流；A 为电极面积，cm^2；n 为电子转移数；D 为扩散系数，cm^2/s；v 为扫描速度，V/s；c 为浓度，mol/L。根据上式，i_p 与 $v^{1/2}$ 和 c 都呈直线关系，由此可以判断电极过程的可逆性和电流性质。

2. 常规脉冲伏安法

在恒定预置的电压 E_i 的基础上，叠加一振幅随时间增加的方波脉冲电压，测量脉冲电压后期的法拉第电流的方法，称为常规脉冲伏安法。

对于电极反应，有 $$O + ne^- \rightleftharpoons R$$

其可逆波方程式为 $$E = E_{\frac{1}{2}} + \frac{2.303RT}{nF\lg\frac{i_1 - i}{i}} \tag{3-9}$$

用 E 对 $\lg(i_1 - i)$ 作图为直线，斜率为 $2.303RT/(nF)$，由此可以求出电子转移数 n。

其极限电流为：$$i_1 = nFc_0A\left(\frac{D_0}{\pi t_m}\right)^{\frac{1}{2}} \tag{3-10}$$

式中，t_m 为采样时间。若已知浓度 c_0、电子转移数 n 和电极面积 A，可测得扩散系数 D。

3. 计时电流（电量）法

计时电流（电量）法是一种控制电位的暂态技术，电位是控制对象，电流（电量）是被测定的对象，记录的是 i-t 或 Q-t 曲线。当电极上加一突然的电位阶跃，阶跃范围由还原波前（或氧化波后）某一电位变到远于还原波后（或氧化波前）的另一电位时，所引起的法拉

第电流 i_f 和充电电流 i_c，可用 Cottrell（科特雷尔）方程表示：

$$i=i_f+i_c=\frac{nFAD^{\frac{1}{2}}c}{(\pi t)^{\frac{1}{2}}}+i_c \tag{3-11}$$

该式即为计时电流法的 Cottrell 方程，将上式对时间 t 积分得：

$$Q=\frac{2nFAD^{\frac{1}{2}}t^{\frac{1}{2}}c}{\pi^{\frac{1}{2}}}+Q_{dl} \tag{3-12}$$

此式就是计时电量法的 Cottrell 方程。式中 Q_{dl} 为双电层的电量。$i\text{-}t^{\frac{1}{2}}$ 或 $Q\text{-}t^{\frac{1}{2}}$ 呈线性关系。根据斜率可求得电极反应的扩散系数 D。

三、仪器和药品

1. 仪器　电化学工作站；铂（金、玻碳）圆盘电极为工作电极；铂电极为辅助电极；饱和甘汞电极为参比电极。

2. 药品　1.00×10^{-2}mol/L $K_3[Fe(CN)_6]$ 水溶液；1.0mol/L KCl 水溶液；1.0mol/L Na_2SO_4 水溶液。试剂均为分析纯。

四、实验步骤

1. 指示电极的预处理

铂电极用 Al_2O_3 粉末（粒径 0.05μm）将电极表面抛光，然后在蒸馏水和乙醇水浴中超声清洗 3 次，每次 2～3min。将电极置于 0.5mol/L H_2SO_4 中，接通三电极系统，在 −0.2～+1.2V 电位范围内以 100mV/s 的扫描速率进行极化处理，至循环伏安曲线基本重合。

2. 铁氰化钾溶液的配制

准确移取 0.0mL、1.0mL、2.0mL、3.0mL、4.0mL、5.0mL 浓度为 0.10mol/L 铁氰化钾溶液分别置于 6 只 50mL 容量瓶中，各加入 5mL 1.0mol/L KCl 溶液，用无氧水稀释至刻度线。

3. 循环伏安法测量

（1）打开电化学分析仪和计算机的电源。屏幕显示清晰后，再打开电化学分析仪的测量窗口。

（2）点击电化学分析仪窗口中的“设置”菜单，在“实验技术”项选择“循环伏安法”，在“实验参数”设置参数：起始电位为+0.8V；终止电位为−0.2V。

（3）将配制的系列铁氰化钾溶液逐一转移至电解池中，插入干净的电极系统。

（4）仔细检查一遍，确认无误后，点击“>”进行测量。完成后命名存储。

4. 铁氰化钾溶液的循环伏安图

在电解池中放入 5.0×10^{-4}mol/L $K_3[Fe(CN)_6]$（内含 0.2mol/L KCl）溶液，插入工作电极、辅助电极和参比电极。以不同的扫速（10mV/s、20mV/s、50mV/s、75mV/s、

100mV/s、125mV/s、150mV/s）从+0.8～−0.2V 扫描，每个扫速连续扫描 3 次，记录各自的循环伏安图。

5. 不同浓度的铁氰化钾溶液的循环伏安图

以 20mV/s 的扫描速度，从+0.8～−0.2V 扫描，分别记录上述 5 种不同浓度溶液的循环伏安图。

6. 常规脉冲伏安法

在电解池中放入 3.0×10^{-4}mol/L $K_3[Fe(CN)_6]$（内含 0.2mol/L KCl）溶液，插入工作电极、辅助电极和参比电极。选择常规脉冲伏安技术，电位范围为−0.2～+0.8V，脉冲高度选择 30mV，并测定其 i-E 曲线。

7. 计时电流（电量）法

利用步骤 6 的溶液，选择计时电流技术，电位阶跃由+0.8～−0.2V，阶跃前在+0.8V 处静止 5s，然后施加电位阶跃，记录 i-t 曲线。然后选择计时电量法，在同样的电位范围内做阶跃实验，记录 Q-t 曲线。

五、数据记录与处理

1. 由 $K_3[Fe(CN)_6]$ 溶液的循环伏安图，测量不同扫描速率下的 i_{pa}、i_{pc}、φ_{pa}、φ_{pc} 的值。

2. 同一扫速下，分别以 i_{pa}、i_{pc} 对 $K_3[Fe(CN)_6]$ 不同溶液的浓度作图，说明峰电流与浓度的关系。

3. 同一铁氰化钾浓度下以 i_{pa}、i^{pc} 对 $v^{1/2}$ 作图，说明峰电流与扫描速率间的关系。

4. 计算 i_{pa}/i_{pc} 值和 $\Delta\varphi$ 值；说明 $K_3[Fe(CN)_6]$ 在 KCl 溶液中电极过程的可逆性。

5. 在常规脉冲伏安法的 i-E 曲线上求得 i_1 值，然后取 5～6 个电流数据绘制 E-$\lg(i_1-i)/i$ 图，应为直线，由直线的斜率求得电子转移数 n 和半波电位 $E_{1/2}$。

6. 在计时电流的 i-t 或计时电量的 Q-t 曲线上取数据，分别绘制 i-$t_{1/2}$ 和 Q-$t_{1/2}$ 关系曲线，应为直线，由斜率求得扩散系数，与理论值进行比较。

六、思考题

1. 铁氰化钾浓度与峰电流 i 是什么关系？而峰电流与扫描速率又有什么关系？
2. $K_3[Fe(CN)_6]$ 和 $K_4[Fe(CN)_6]$ 溶液的循环伏安图是否相同？为什么？
3. 若实验中测得的 $\Delta\varphi$ 值与文献值有差异，试说明原因。

实验五　镍在硫酸溶液中的钝化行为和电化学振荡

一、实验目的

1. 掌握用线性电位扫描法测定镍在硫酸溶液中的阳极极化曲线和钝化行为；

2. 了解金属钝化行为的原理和测量方法；
3. 测定 Cl^- 的浓度对 Ni 钝化的影响；
4. 测定 Ni 阳极钝化的恒电位振荡现象。

二、实验原理

1. 金属的钝化

金属钝化一般可分为两种。若把铁浸入浓硝酸（$\rho>1.25g/cm^3$）中，则一开始铁溶解在酸中并置换出 H_2，这时铁处于活化状态。经过一段时间后，铁几乎停止了溶解，此时的铁也不能从硝酸银溶液中置换出银，这种现象被称为化学钝化。另一种钝化称为电化学钝化，即用阳极极化的方法使金属发生钝化。金属处于钝化状态时，其溶解速度较小，一般为 $10^{-8}\sim10^{-6}A/cm^2$。

金属之所以会由活化状态转变为钝化状态，至今还存在着两种不同的观点，有人认为金属钝化是由于金属表面形成了一层氧化物，因而阻止了金属进一步溶解；也有人认为金属钝化是由金属表面吸附氧而使金属溶解速度降低。前者称为氧化物理论，后者称为表面吸附理论。

2. 影响金属钝化过程的几个因素

（1）溶液的组成——溶液中存在的 H^+ 、卤素离子以及某些具有氧化性的阴离子对金属钝化现象具有显著的影响。在中性溶液中，金属一般是比较容易钝化的，而在酸性或某些碱性溶液中要困难得多，这与阳极反应产物的溶解度有关。卤素离子特别是 Cl^- 的存在，则明显地阻止金属的钝化过程，且已经钝化了的金属也容易被它破坏（活化），这是因为 Cl^- 的存在破坏了金属表面钝化膜的完整性。溶液中如果存在具有氧化性的阴离子（如 CrO_4^{2-}），则可以促进金属的钝化。溶液中的溶解氧则可以减少金属表面钝化膜遭受破坏的可能。

（2）金属的化学组成和结构——各种纯金属的钝化能力均不相同，以 Fe、Ni、Cr 三种金属为例，易钝化的顺序为 Cr>Ni>Fe。因此，在合金中添加一些易钝化的金属，可提高合金的钝化能力和钝态的稳定性。

（3）外界因素——当温度升高或加剧搅拌，都可以推迟或防止钝化过程的发生，这显然与离子的扩散有关。在进行测量前，对研究电极活化处理的方式及其程度也将影响金属的钝化过程。

3. 研究金属钝化的方法

研究金属钝化通常有两种方法：恒电流法和恒电位法。由于恒电位法能测得完整的阳极极化曲线，因此，在金属钝化的研究中比恒电流法更能反映电极的实际过程。用恒电位法测量金属钝化时可有下列两种手段。

（1）静态法——将研究电极的电位固定在某一数值，同时测量相应极化状况下达到稳定后的电流。如此逐点测量一系列恒定电位时所对应的稳定电流值，将测得的数据绘制成 $I\sim E$ 图，从图中即可得到钝化电位。

（2）动态法——将研究电极的电位随时间线性连续地变化（图 3-3），同时记录随电位改变而变化的瞬时电流，就可得一完整的极化曲线图。所采用的扫描速度（单位时间电位变化的速度）需根据研究体系的性质而定。一般来说，电极表面稳态建立的速度愈慢，则扫描速度也应愈慢，这样才能使所测得的极化曲线与采用静态法所得的相近。

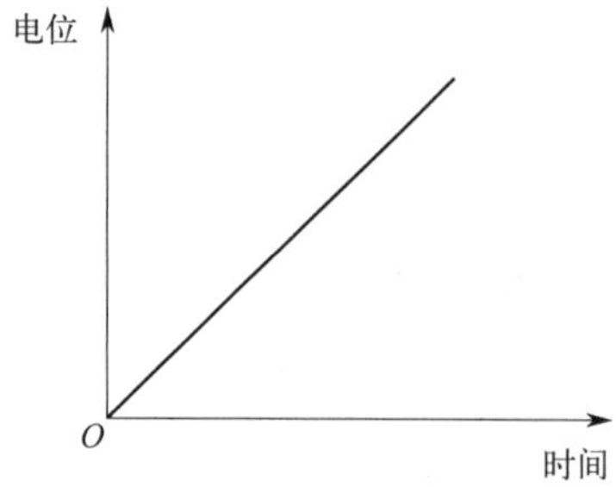

图 3-3　线性电位扫描示意图

上述两种方法中，虽然静态法的测量结果较接近稳态值，但测量时间太长，所以在实际工作中常采用动态法来测量。本实验亦采用动态法。

用动态法测量金属的阳极极化曲线时，对于大多数金属均可得到如图 3-4 所示的形式。图 3-4 中的曲线可分为四个区域。

(a) *AB* 段为活性溶解区，此时金属进行正常的阳极溶解，阳极电流随电位的变化符合塔菲尔（Tafel）公式。

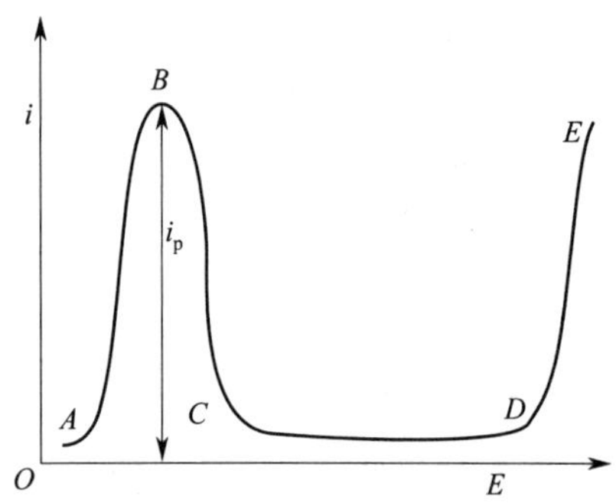

图 3-4　钝化曲线示意图

(b) *BC* 段为过渡钝化区，电位达到 *B* 点时，电流达到最大值 i_p，此时的电流称为钝化电流（$I_{钝}$），所对应的电位 E_p 称为临界电位或钝化电位（$E_{钝}$）。电位过 *B* 点后，金属开始钝化，其溶解速度不断降低并过渡到钝化状态（*C* 点之后）。

(c) *CD* 段为稳定钝化区，在该区域中金属的溶解速度基本上不随电位而改变。此时的电流密度称为钝态金属的稳定溶解电流密度。

(d) *DE* 段为过钝化区，*D* 点之后阳极电流又重新随电位的正移而增大，此时可能是高价金属离子的产生，也可能是水的电解而析出 O_2，还可能是两者同时出现。

在远离平衡的过钝化态，有可能存在非线性动力学现象，如双稳态、钝化与混沌的交替振荡和时空图案。

三、仪器和药品

1. 仪器　CHI 电化学分析仪；三电极电解池；研究电极（直径为 0.5cm 的 Ni 圆盘电极）；辅助电极（Pt 丝）；参比电极（饱和甘汞电极，0.1mol/L H_2SO_4 作盐桥）；金相砂纸（02# 和 06#）。

2. 药品　H_2SO_4（分析纯）；KCl（分析纯）；丙酮（化学纯）；蒸馏水。

四、实验步骤

1. Ni 的极化曲线的测定

本实验用线性电位扫描法分别测量 Ni 在 0.1mol/L H_2SO_4、0.1mol/L H_2SO_4 + 0.01mol/L KCl、0.1mol/L H_2SO_4 + 0.02mol/L KCl、0.1mol/L H_2SO_4 + 0.05mol/L KCl 和 0.1mol/L H_2SO_4 + 0.1mo/L KCl 溶液中的阳极极化曲线。

(1) 打开仪器和计算机的电源开关，预热 10min。

(2) 研究电极用金相砂纸打磨后，用丙酮洗涤除油，再用重蒸馏水冲洗干净，擦干后将其放入已洗净并装有 0.1mol/L H_2SO_4 溶液的电解池中。分别装好辅助电极和参比电极，并按图 3-5 接好测量线路（红色夹子接辅助电极，绿色接研究电极，白色接参比电极）。

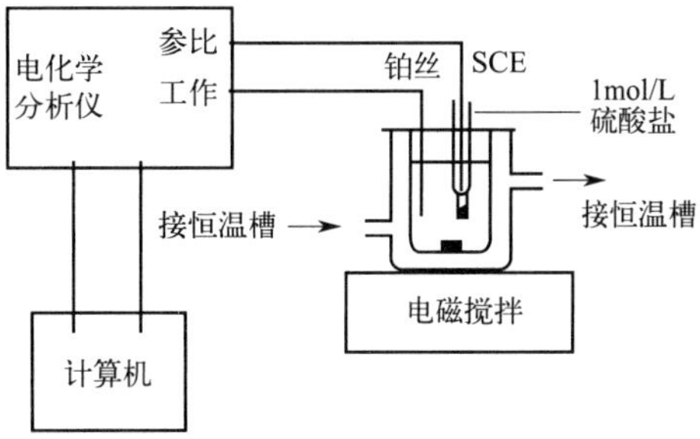

图 3-5　振荡反应测量线路图

（3）通过计算机使 CHI 仪器进入 Windows 工作界面；在工具栏里面选中 “Control”，此时屏幕上显示一系列命令的菜单，再选中 “Open Circuit Potential”，数秒钟后屏幕上即显示开路电位值（镍工作电极相对于参比电极的电位），记下该数值；在工具栏里选中 “T”（实验技术），此时屏幕上显示一系列实验技术的菜单，再选中 “Linear Sweep Voltammetry（线性电位扫描法）”；然后在工具栏里选中 “参数设定”（在 “T” 的右边），此时屏幕上显示一系列需设定参数的对话框：

初始电位（Init *E*）　　设为比先前所测得的开路电位负 0.1V；

终止电位（Final *E*）　　设为 1.6V；

扫描速率（Scan Rate）　　定为 0.01V/s；

采样间隔（Sample Interval）　　就是框中的显示值；

初始电位下的极化时间（Quiet Time）　　设为 300s；

电流灵敏度（Sensitivity）　　设为 0.01A。

至此参数已设定完毕，点击 “OK” 键，然后点击工具栏中的运行键，此时仪器开始运行，屏上显示当时的工作状况和电流对电位的曲线。扫描结束后点击工具栏中的 “Graphics”，再点击 “Graph Option”，在对话框中分别填上电极面积（为什么?）和所用的参比电极（为什么?）及必要的注解，然后在 “Graph Option” 中点击 “Present Data Plot”，显示完整的实验结果。给实验结果取个文件名存盘。

在原有的溶液中分别添加 KCl 使其成为 0.1mol/L H_2SO_4 + 0.01mol/L KCl、0.1mol/L H_2SO_4 + 0.02mol/L KCl、0.1mol/L H_2SO_4 + 0.05mol/L KCl 和 0.1mol/L H_2SO_4 + 0.1mol/L KCl 溶液，重复上述步骤进行测量，注意当溶液中 KCl 浓度≥0.02mol/L，电流大于 10mA 时，即电流溢出 *Y* 轴时应及时停止实验，以免损伤工作电极（为什么?），此时只需点击工具栏中的停止键 “■” 即可。

2. Ni 极化电化学振荡的测定

（1）三电极系统：纯度 99.8%和直径为 0.063mm 的 Ni 线为被测电极，镍线圈为辅助电极，甘汞电极用作参比电极，把它们放入浓度为 4mol/L 的 H_2SO_4 中（图 3-6）。

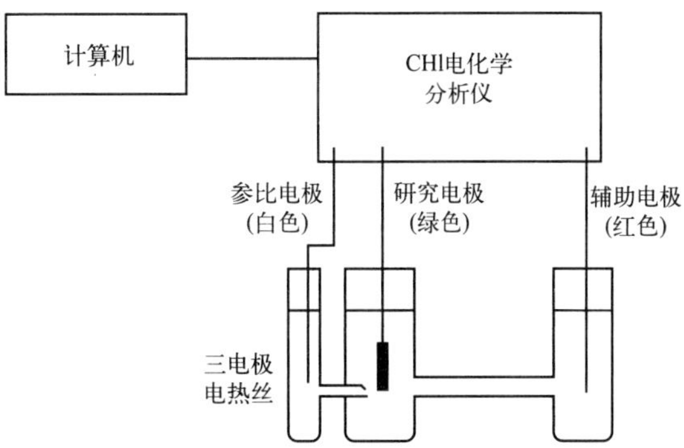

图 3-6　测量线路图

（2）首先用恒电位法把电位恒定在钝化区，然后用恒电流法。不同的电流值下测定电位的动力学行为，采用增加电流的方式，可观察到不同的动力学周期性振荡图案。

五、数据记录与处理

1. 分别在极化曲线图上找出 $E_{钝}$、$I_{钝}$ 及钝化区间，并将数据列成表格。

2. 点击工具栏中的"Graphics"，再点击"Overlay Plot"，选中另三个文件使五条曲线叠加在一张图中，如果曲线溢出画面，请在"Graph Option"里选择合适的 X、Y 轴量程再作图，然后打印曲线。

3. 比较四条曲线，并讨论所得实验结果及曲线的意义。

六、思考题

1. 在测量前，为什么电极在进行打磨、除油处理后还需进行阴极极化处理?
2. 如果扫描速率改变，测得的 $E_{钝}$ 和 $I_{钝}$ 有无变化? 为什么?
3. 当溶液 pH 发生改变时，Ni 电极的钝化行为有无变化?
4. 在过钝化区，为什么会发生电化学振荡行为?
5. 在 Ni 电化学振荡测定中，电流从大到小变化，振荡周期性发生了哪些变化?

实验六　纽扣型固体氧化物燃料电池的电化学性能测试

一、实验目的

1. 通过 SOFC 纽扣电池的测试，掌握 SOFC 性能测试过程的关键环节；
2. 了解 SOFC 的制作原理；
3. 掌握电化学阻抗谱仪的测试和数据处理方法。

二、实验原理

SOFC 由阳极、电解质和阴极三部分构成（图 3-7）。阳极、阴极是电化学反应的场所；其中阳极通入燃料，阴极通入氧化剂。电解质起传递氧离子和分隔燃料及氧化剂的作用。在多孔阴极上，氧分子从外电路得到电子而被还原为氧离子：

$$O_2(c)+4e^- = 2O^{2-}(e) \tag{3-13}$$

氧离子在氧浓差驱动下，通过电解质中的氧空位定向传递，迁移到阳极上与燃料发生氧化反应，释放出的电子通过外电路流回阴极：

$$2O^{2-}(e) = O_2(a)+4e^- \tag{3-14}$$

上述反应式中，c、e 和 a 分别代表在阴极、电解质和阳极中的状态。

由此可见，SOFC 实际上是一种氧浓差电池，其电动势（EMF）或可逆电压 E_r 可由能斯特方程求得：

$$E_r=\frac{RT}{4F}\ln\frac{p_{O_2(c)}}{p_{O_2(a)}} \tag{3-15}$$

式中，R 为气体常数；T 为温度；F 为法拉第常数；p_{O_2} 为电极的氧分压。

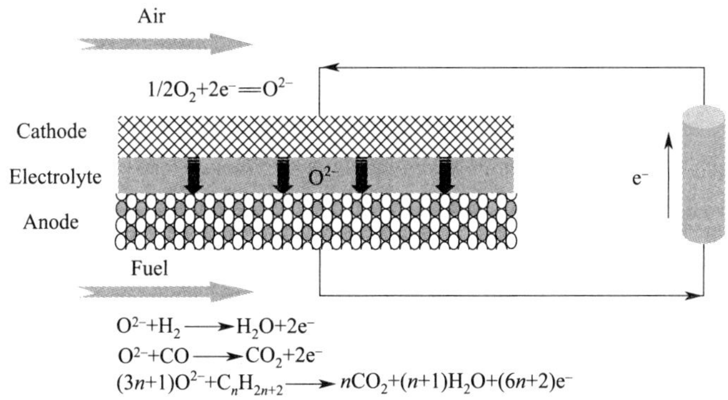

图 3-7　固体氧化物燃料电池原理图

阳极中燃料的种类和状态决定了 $p_{O_2(a)}$，当以氢气为燃料时，阳极反应为：

$$2O^{2-}(e)+2H_2(a)═2H_2O(a)+4e^- \tag{3-16}$$

电池的总反应为：

$$2H_2(a)+O_2(c)═2H_2O(a) \tag{3-17}$$

设式(3-17) 所示反应的平衡常数为 K，则阳极处的 $p_{O_2(a)}$ 可表示为：

$$p_{O_2(a)}=\left[\frac{p_{H_2O(a)}}{p_{H_2(a)}}\right]^2 \tag{3-18}$$

将式(3-18) 代入式(3-15)，可得：

$$E_r=E_0+\frac{RT}{4F}\ln p_{O_2(c)}+\frac{RT}{2F}\ln\frac{p_{H_2(a)}}{p_{H_2O(a)}} \tag{3-19}$$

式中，E_0 为标准状态下的电池电动势，可用下式计算得到：

$$E_0=\frac{RT}{2F}\ln K \tag{3-20}$$

对于平板型的 SOFC，为了实现上述过程，空气和燃料气体必须分开，因此电池的密封至关重要。通常将电池密封于氧化铝管的顶端，管内为燃料气体，管外为空气（根据情况内外气体可以反过来）。在实验测试之前，需要用惰性的氮气检验密封性，避免易燃易爆的燃料气体窜入空气一侧，或者泄漏到环境中而造成危害。即便是确认不泄漏之后，燃料气体一侧事先也需要用惰性的氮气置换，以免空腔内的残留空气与燃料相遇而发生危险。

三、仪器与药品

1. 仪器　管式炉；烘箱；质量流量计；电化学工作站；SOFC 测试夹具；万用表；SOFC 纽扣电池；导电双面胶；银丝；陶瓷密封胶；硅胶；安捷伦记录仪。

2. 药品　银钯浆。

四、实验步骤

1. 单电池的电信号端子

对电池的电化学性能测试时，采用的是四端子法，四端子法测试是用两对测试线与被测电池上的银丝连接，将电压信号线与电流信号线分开，这样测量的电阻值更接近真实值。

分别在单电池的阴极和阳极涂上银钯浆网格进行集流，后置于加热台上80℃烘干，待银钯浆干燥后，用导电双面胶把阴、阳极两侧的银丝固定住并放在加热台上120℃加热20min，至导电双面胶完全凝固。

2. 单电池的升温密封、气体置换与还原

把单电池放在测试装置上用陶瓷胶进行密封，密封时要保证装置和电池之间没有空隙。将阴、阳极两侧的银丝分别和装置两端的银丝导线相连，用万用表检测装置连接是否正常，将装有电池的装置放在管式炉的石英管中，连接燃料气以及空气的进气管和出气管。在测试之前首先要对装置进行气密性检查，通入氮气（10mL/min）进行检漏。在管式炉中设定好升温程序，然后启动管式炉，通入燃料气之前必须先通入氮气吹扫20min，排出燃料侧空气，以防止发生爆炸。关闭氮气阀门，根据实验所需的气体流量，通入燃料气，对电池进行还原，用记录仪监测电池的开路电压。

3. 单电池的电化学测试

待开路电压稳定之后打开空气阀门通入空气，改变温度或气体流量，用电化学工作站测试电池在不同条件下的 I-V 曲线、电化学交流阻抗谱（EIS）并保存数据。测试结束后，关闭管式炉，关闭燃料气和空气并排出装置内的剩余气体，待管式炉温度降至室温，关闭流量计，关闭电脑以及电化学工作站。

五、数据记录与处理

1. 记录实验数据。
2. 根据实验数据，绘制 I-V-P 曲线。
3. 分析复数阻抗谱与弛豫时间分布。

根据EIS测试数据，通过算法（DRT-tools），计算得出特征时间常数分布函数 $g(\tau)$，然后通过 $g(\tau)$ 具体分析系统的电化学动力学特性，讨论各基元反应对电池反应动力学的影响。

六、思考题

1. 简述高温密封材料与低温密封材料的相同点和不同点。
2. 实验测试过程中需要注意哪些事项？
3. 为什么要用惰性的氮气进行置换？

第四章　原子光谱分析

第一节　概述

原子光谱分析是一类重要的仪器分析方法，它是根据原子与电磁辐射相互作用进行工作的，相互作用包括发射和吸收。因此根据作用不同将原子光谱分为：原子发射光谱、原子吸收光谱以及原子荧光光谱，目前常用的原子光谱主要为原子发射光谱和原子吸收光谱。

原子发射光谱法是根据原子外层电子能级跃迁辐射的特征光谱来测定物质结构和化学成分的分析方法。当对某一试样进行分析时，如果外界提供足够能量（如热能或电能等），试样将蒸发分解转变为气态原子或离子，并使气态原子或离子的外层电子受激跃迁至较高能级的激发态，当处于激发态的原子或离子返回基态或其他较低能级时，将释放出多余能量而发射出各种不同波长光辐射。这些光辐射经过色散，被记录下来，就得到原子发射光谱。由于各种元素原子的结构不同，可发射出特征的原子光谱。利用特征谱线，可进行元素的定性分析，通过推导得到特征谱线的强度（I_{ul}）与试样中元素含量有如下关系：

$$I_{ul}=A_{ul}h\nu_{ul}\frac{g_u}{Z}e^{-\frac{E_{ul}}{kT}}(1-x)\alpha\tau c^B \tag{4-1}$$

式中　A_{ul}——测定原子单位时间内跃迁概率；

h——普朗克常数；

ν_{ul}——两个能级差对应的频率；

Z——原子的配合函数；

E_{ul}——两能级的能量差；

k——玻尔兹曼常数；

T——热力学温度；

x——电离度；

α——分析物蒸发速度常数；

τ——等离子体中气态分析物粒子平均停留时间；

B——自吸系数；

c——待测物的浓度。

令：$A=A_{ul}h\nu_{ul}\frac{g_u}{Z}e^{-\frac{E_{ul}}{kT}}(1-x)\alpha\tau$　　(4-2)

式(4-1) 变为：

$$I_{ul}=Ac^{B} \tag{4-3}$$

将式(4-3) 取对数：

$$\lg I=B\lg c+\lg A \tag{4-4}$$

此式称为罗马金-赛伯公式。

影响谱线强度的因素为：①激发能 E_{ul} 越小，谱线强度越强；②温度升高，谱线强度增大，但易电离；③解离度 β 越大，谱线强度越强；④电离度 x 增大，谱线强度减弱。根据罗马金-赛伯公式可以进行原子发射定量或半定量分析。

原子发射光谱分析的过程包括激发、分光、检测三步。化学工作者研究较多的是光源。光源的主要作用是为试样的蒸发和激发提供能量，经典的光源有直流电弧、交流电弧、高压火花等，这些光源适用于不同样品及分析要求，各有优缺点。近些年电感耦合等离子体(inductively coupled plasma，ICP) 光源，以其特有的定量分析重现性好、线性范围广、灵敏度和准确度高的特点，使原子发射光谱分析性能大大提高，伴随新型检测技术与计算机技术的发展，这种光源已逐步取代各种经典光源。

原子发射光谱法具有很多优点：①因为各元素同时发射各自的特征光谱，所以可实现多元素同时检测；②分析速度快，试样不需处理，可以对几十种元素同时进行定量分析；③各元素具有不同的特征光谱，因此选择性高；④检出限较低，ICP 光源可以达到 ng/g；⑤准确度较高，线性范围宽，可测高、中、低不同含量试样，因此用途十分广泛。缺点是不能检测非金属元素或灵敏度低的元素。

原子吸收光谱法是基于蒸气相中被测元素的基态原子对共振辐射的吸收强度测定试样中被测元素含量的一种方法，它是一种定量分析方法。

早在 1802 年 Wollaston 就发现了太阳光谱的暗线，到 1859 年，Kirchoff 和 Bunson 解释了暗线是大气层中存在的元素原子对太阳光选择性吸收的结果。但近一百年里，原子吸收光谱一直无法用于分析。由经典色散理论可知：积分吸收与原子蒸气中吸收辐射的原子数成正比：

$$\int K_{v}\mathrm{d}v=\frac{\pi e^{2}}{mc}N_{0}f \tag{4-5}$$

式中，e 为电子电荷；m 为电子质量；c 为光速；f 为振子强度，在一定条件下，同一元素 f 可视为一定值；N_0 为单位体积内原子蒸气基态原子数。

由于 $N_0\propto c$，因此，$\int K_{v}\mathrm{d}v\propto c$ 。

因为原子吸收谱线大约只有 0.001nm 的宽度，要想进行积分吸收的测定，分光系统需要分开两束波长相差 0.0001nm 的光，分光装置分辨率是无法满足的。即使光栅满足了要求，分出的光太弱，难以用于实际测量。直到 1955 年，澳大利亚物理学家 Walsh 发表的一篇论文解决了原子吸收光谱的应用。用峰值吸收代替积分吸收，峰值吸收与积分吸收成正比。

$$K_{0}=\frac{2}{\Delta\nu_{D}}\sqrt{\frac{\ln 2}{\pi}}\int K_{v}\mathrm{d}v \tag{4-6}$$

式中，K_0 为峰值吸收系数，$\Delta\nu_D$ 为半峰宽。

代入积分吸收为：

$$K_0=\frac{2}{\Delta\nu_D}\sqrt{\frac{\ln 2}{\pi}}\frac{\pi e^2}{mc}N_0 f \tag{4-7}$$

根据吸光定律可知：$A=\lg\frac{I_0}{I}=0.434K_0 l$，又因为：

$$N_0=ac \tag{4-8}$$

所以：$A=0.434\times\frac{2}{\Delta\nu_D}\sqrt{\frac{\ln 2}{\pi}}\frac{\pi e^2}{mc}alc$　(4-9)

令 $K=0.434\frac{2}{\Delta\nu_D}\sqrt{\frac{\ln 2}{\pi}}\frac{\pi e^2}{mc}al$　(4-10)

那么：$A=Kc$　(4-11)

此式为原子吸收光谱法定量分析的基础。

因此，只要用一个固定波长的光源，在中心频率处测量峰值吸收，即可以进行定量分析。随后美国 PE 和 Varian 公司相继推出了原子吸收光谱商品仪器。

根据分析原理，原子吸收光谱仪由锐线光源、原子化器、单色器和检测记录系统组成。锐线光源常用的是元素灯，它用以提供待测元素的特征光谱。原子化器的作用是使各种试样解离出在原子吸收中起作用的基态原子，并使其进入光源的辐射光程。待测元素转化为基态原子的方法分为火焰原子化法和非火焰原子化法。火焰原子化法包括喷雾器、雾化室和燃烧器三部分，试样雾滴在火焰中，经蒸发、干燥、解离（还原）等过程产生大量基态原子。根据基态原子与温度的玻尔兹曼公式可知，火焰温度越高，产生的热激发态原子越多。因此在保证待测元素充分解离为基态原子的前提下，尽量采用低温火焰。火焰温度取决于燃气与助燃气类型，常用的是空气-乙炔焰，最高温度 2600K，能测三十多种元素。N_2O-C_2H_2 火焰温度较高，可使测定的元素增加到七十多种。火焰原子化法操作简单，火焰温度适宜，火焰稳定，重现性好，精度高，应用范围广，但原子化效率较低，试样只能为液体。非火焰原子化法主要有石墨炉原子化、氢化物和冷原子原子化，应用比较多的是石墨炉原子化。石墨炉原子化由电源、保护气系统和石墨管炉三部分组成，它是大电流通过石墨管产生高热、高温，最高温度可达 3000K，使试样原子化。石墨炉原子化效率高，可达 90%以上，绝对灵敏度高，试样用量少。适合低含量或痕量组分的测定。它的原子化温度高，在惰性气体中进行且有还原性，有利于形成难解离氧化物元素的解离和原子化。缺点是其重现性、准确度不如火焰原子化法，另外仪器装置较复杂，价格较高。原子吸收光谱是基于吸光度与浓度成正比进行定量分析的。定量分析方法有标准曲线法、标准加入法、内标法和稀释法。应用较多的是标准曲线法，如果物理干扰较大，可采用标准加入法进行消除。

原子吸收光谱分析法具有快速、灵敏、准确、选择性好、干扰少和操作简便等优点。它可分析元素周期表中七十多种元素，但它的缺点是分析一种元素需要换一种灯。

本章包含原子发射光谱分析和原子吸收光谱分析两部分。原子发射光谱分析安排两个实验，所用光源皆为近些年化学领域常用的 ICP 光源，每个实验都包括元素的定性和定量分析。实验有基础验证实验和综合性实验，综合性体现在测定样品的复杂性和测定元素的复杂性。原子吸收光谱分析从原理上只能进行定量分析，定量方法有标准曲线法和标准加入法。实验分为综合性实验以及煤特色的分析实验，实验的综合性主要体现在样品处理的复杂性。

第二节　实验部分

第一部分　原子发射光谱分析

实验一　电感耦合等离子体光谱法测定水样中的镉

一、实验目的

1. 了解电感耦合等离子体原子发射光谱仪的使用方法；
2. 熟悉电感耦合等离子体原子发射光谱测定水样中镉含量的方法。

二、实验原理

电感耦合等离子体原子发射光谱法（ICP-AES）是20世纪60年代提出、70年代迅速发展起来的一种分析方法，它的迅速发展和广泛应用是与其克服了经典光源和原子化器的局限性分不开的。ICP-AES分析是将试样在等离子体光源中激发，使待测元素发射出特征波长的辐射，经过分光，测量其强度而进行定量分析的方法。在原子发射光谱分析中，ICP光源是分析液体试样的最佳光源。使用该光源，可对约七十多种元素进行分析，其检出限可达10^{-4}～10^{-3}ng/g，精密度在1%左右。

ICP发射光谱法具有分析速度快、灵敏度高、稳定性好、线性范围广泛、基体干扰少、样品用量少、可实现多元素同时分析等优点。现在已普遍用于水质、环境、冶金、地质、化学制剂、石油化工、食品以及实验室服务等的样品分析中，既可定性分析，也可定量检测。作为一种蓄积性毒物，镉对人体具有一定的毒害作用，长期饮用被镉污染的水能引起慢性中毒，且其具有致畸、致癌和致突变作用。本实验采用ICP-AES定量测定水样中的镉。

三、仪器与药品

1. 仪器　ICP-AES；氩气钢瓶。

2. 药品　100μg/mL镉标准溶液（准确称取0.5000g金属镉（光谱级）于100mL烧杯中，用5mL 6mol/L盐酸溶液溶解，然后转移到500mL容量瓶中，用1%盐酸稀释至刻度线，摇匀，备用；实验前，用1%盐酸溶液稀释10倍使用，此时浓度为100μg/mL）；氩气；水样；稀硝酸。

安全警示如下。

（1）电感耦合等离子体原子发射光谱仪开机前，应先检查电源有无漏电现象，以防止触电事故的发生。

（2）点火之前必须检查水、电、气压是否正常，各项都正常时方可点火，严禁在气压和水压不足时点火，以免烧坏矩管。

(3) 打开检测器冷却开关前，应先检查是否已通氩气，防止在未通氩气状况下检测器出现结霜现象，造成检测器损坏。

(4) 不可在开启等离子体火焰玻璃防护罩的情况下点火，防止对人体造成辐射。

(5) 氩气在运输、搬运的过程中严禁碰撞、敲击、倾倒等。氩气更换完毕后，要注意检漏。

四、实验步骤

1. 仪器的准备

在测定前，提早数小时开启 ICP 光谱仪电源，进行预热，达到仪器所需的温度，保持恒温，并充氩气驱除空气（30min 以上），按仪器操作规程设置分析参数。确认进样系统、冷却循环水系统、抽风机风门正常后，打开软件，确认软件中“等离子体状态”的“仪器状态”对话框中各种状态正常，温度显示正常后执行点火命令“等离子体开启”，仪器点火后执行“光谱仪优化”指令，稳定 15～30min 才可进样。

2. 实验用溶液的配制

(1) 分别吸取 2.00mL、4.00mL、6.00mL、8.00mL 和 10.00mL 镉标准溶液以及 10.00mL 待测水样于 6 个 100mL 容量瓶中，然后用 1%盐酸稀释至刻度线，摇匀。

(2) 样品溶液的准备：水样经过过滤处理后即可。

3. 实验条件的设置

按如下实验条件，将 ICP 光谱仪按仪器的操作步骤进行调节、设置。

(1) 氩载气流速：0.5L/min。

(2) 氩冷却气流量：12L/min。

(3) 氩工作气体流量：1.0L/min。

(4) 试液提升量：2.6mL/min。

(5) 镉的测定波长：226.5nm。

4. 溶液测定

在相同实验条件下，分别把标准样品和水样放入进样的毛细管，在设定的波长下测定响应信号。

5. 关机

(1) 分析完毕后，分别用稀硝酸和去离子水冲洗进样系统 3～5min，点击“等离子体关闭”，熄火。

(2) 关闭冷却循环水系统电源。

(3) 关闭抽风机电源。

(4) 打开软件的“等离子体状态”的“仪器状态”对话框，确认检测器温度显示：≥20摄氏度再继续驱气 5～10min，关闭氩气。

(5) 退出软件，关闭计算机。

（6）长时间不运行仪器情况下，依次关闭主机电源、稳压器。

五、数据记录与处理

1. 记录仪器参数：仪器类型、高频发生器功率、雾化器压力、辅助器流量、冷却气流量、分析线波长。

2. 绘制标准曲线，求出待测水样中镉的含量。

六、思考题

1. ICP 光谱法与经典发射光谱法相比有哪些优点？

2. ICP 光谱法能否进行元素价态分析？

实验二　电感耦合等离子光谱法测定铅酸电池极板中的微量元素

一、实验目的

1. 学习运用电感耦合等离子体光谱法分析样品的原理和技术；

2. 了解电感耦合等离子体光谱仪的基本结构及使用方法；

3. 掌握湿法消解样品操作。

二、实验原理

电感耦合等离子体由于高频电流的“趋肤”效应及中心气流作用，在圆锥形的 ICP 矩中心形成一个高温（7500K）无氧、高电子密度的通道。样品试液经雾化进入通道后，滞留时间较长，能充分蒸发、解离、激发，产生较强的原子（离子）发射光谱。此外，在 ICP 矩中，放电区主要集中在中心通道进样端外围，受进样影响小，矩焰稳定。而观察区一般在通道的另一端，受放电产生的高强度连续辐射影响亦小。因此，该方法具有检出限低（许多元素可达 ppb 级），测量线性范围宽，基体效应小，精密度高等优点，应用非常广泛。

如同经典的原子光谱法一样，待测组分在光源中发射的谱线强度与样品中该组分的浓度符合如下的经验公式：

$$I = Ac^{b} \tag{4-12}$$

式中，I 为待测元素光谱线强度；c 为待测元素的浓度；A 是与蒸发、激发等过程及试样组成有关的参数；b 是自吸系数（$b \leqslant 1$）。

当测定条件固定，且待测组分浓度很低时，A 值亦固定，$b \approx 1$，则：

$$I = Kc \tag{4-13}$$

式中，K 为常数。此式是 ICP 光谱法的定量分析依据。测得未知样和标准样的谱线强度并进行比较，采用标准曲线法或其他定量校准方法，进行定量分析。

铅蓄电池极板中某些元素含量的变化，直接影响蓄电池的放电性能及使用寿命。因此，要改进蓄电池的性能，延长其使用寿命，极板材料的组成至关重要。因而必须对其中相关元素含量进行监测和控制。

本实验采用 ICP-AES 法测定铅蓄电池极板材料中 Sb、Sn、Al、Ti、Fe 等微量元素。采集的样品经清洗、风干、称量后，用稀硝酸溶液分解、定容、制成试样后进行测定。

三、仪器和药品

1. 仪器 ICP-AES；氩气钢瓶；可调温电热炉；容量瓶（50mL 3 个；100mL 3 个）；吸量管（2mL 3 支；5mL 1 支）；量杯 10mL；烧杯 100mL。

2. 药品 硝酸，分析纯；Sb、Sn、Al、Ti 和 Fe 均为分析纯或光谱纯；铅蓄电池极板样品。

四、实验步骤

1. 标准溶液的配制

（1）稀硝酸溶液浓度为 3mol/L。

（2）Sb、Sn、Al、Ti 和 Fe 用盐酸溶解，浓度为 1000μg/mL。

（3）取上述储备液适量混合，稀释，制成工作标准溶液，每种元素浓度分别为 20μg/mL、40μg/mL、60μg/mL、80μg/mL 和 100μg/mL。同时配制空白溶液，各溶液均配成 3mol/L 硝酸体系，以与试液酸度一致，消除酸度对测定的影响。

2. 样品分解

称取铅蓄电池极板样品 0.5000g 于 100mL 小烧杯中，加入稀硝酸 30mL，盖好，缓缓加热，并保持微沸。待试样全部溶解后冷却，定量转入 50mL 容量瓶，用 3mol/L 硝酸溶液定容。

3. 调节仪器参数

单色器焦距 0.75m；狭缝宽 25μm。

高频发生器：操作时，正向功率 1.0kW，反射功率 8W。

冷却气：氩气，流量 16.5L/min。辅助气：氩气，流量 1.0L/min，点火后关闭。载气：氩气，流量 0.65L/min。

4. 进样分析

在相同实验条件下，分别把标准样品和样品放入进样的毛细管，在设定的波长下测定响应信号。

分析线选择：通过查阅谱线及多次扫描实验，确定各被测元素的主要分析参数：Sb 206.833nm，Sn 283.999nm，Al 308.200nm，Ti 334.941nm 和 Fe 238.204nm。

其他实验步骤和注意事项同上实验。

五、数据记录与处理

1. 记录实验参数。

2. 根据铅蓄电池极板样品的光谱数据，查阅谱线分析其中的微量元素种类。

3. 采用标准曲线法，定量分析 Sb、Sn、Al、Ti 和 Fe 五种微量元素的含量。

六、思考题

1. 简述等离子体产生的原理。
2. 原子发射光谱定性和定量分析的基本原理是什么？

第二部分　原子吸收光谱分析

实验一　原子吸收分光光度法测定自来水中钙、镁离子的含量

一、实验目的

1. 学习原子吸收光谱分析法的基本原理；
2. 了解火焰原子吸收分光光度计的基本结构，并掌握其使用方法；
3. 掌握测定自来水中钙、镁含量的标准曲线法。

二、实验原理

原子吸收光谱法原理：由待测元素空心阴极灯发射出一定强度和波长的特征谱线的光，当它通过含有待测元素的基态原子蒸气时，原子蒸气对这一波长的光产生吸收，未被吸收的特征谱线的光经单色器分光后，照射到光电检测器上被检测，根据该特征谱线光强度被吸收的程度，即可测得试样中待测元素的含量。

火焰原子吸收光谱法是利用火焰的热能，使试样中待测元素转化为基态原子的方法。常用的火焰为空气-乙炔火焰，其绝对分析灵敏度可达 10^{-9}g，可用于常见三十多种元素的分析，应用最为广泛。

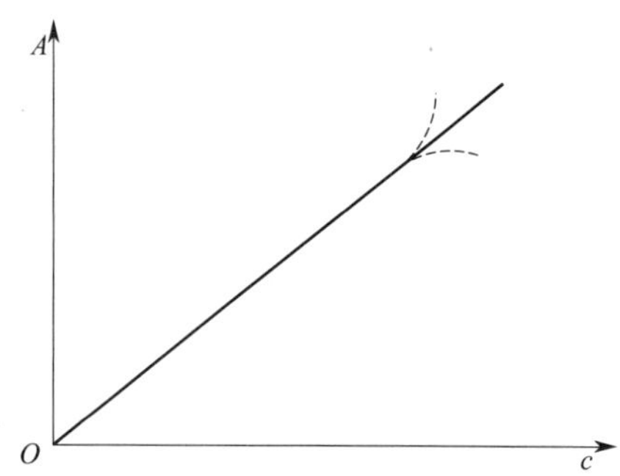

图 4-1　A-c 标准曲线

标准曲线法（图 4-1）是原子吸收分光光度分析中一种常用的定量方法，常用于未知试液中共存的基体成分较为简单的情况。如果溶液中共存基体成分比较复杂，则应在标准溶液中加入相同类型和浓度的基体成分，以消除或减少基体效应带来的干扰，必要时采用标准加入法而不用标准曲线法。

在一定浓度范围内，被测元素的浓度（c）、入射光强（I_0）和透射光强（I）符合朗伯-比尔（Lambert-Beer）定律：$I=I_0\times(10^{-abc})$（式中 a 为被测组分对某一波长光的吸收系数，b 为光经过的火焰的长度）。根据上述关系，配制已知浓度的标准溶液系列，在一定的仪器条件下，依次测定其吸光度，以加入的标准溶液的浓度为横坐标，相应的吸光度为纵坐标，绘制标准曲线。试样经适当处理后，在与测量标准曲线吸光度相同的实验条件下测量其吸光度，在标准曲线上即可查出试样溶液中被测元素的含量，再换算成原始试样中被测元素

的含量。标准曲线法的标准曲线有时会发生向上或向下弯曲的现象，如图 4-1 虚线所示，造成标准曲线弯曲的原因如下。

(1) 当标准溶液浓度超过标准曲线的线性范围时，待测元素基态原子相互之间或与其他元素基态原子之间的碰撞概率增大，使吸收线半宽度变大，中心波长偏移，吸收选择性变差，致使标准曲线向浓度坐标轴弯曲（向下）。

(2) 因火焰中共存大量其他易电离的元素，由这些元素原子的电离所产生的大量电子，将抑制待测元素基态原子的电离效应，使测得的吸光度增大，致使标准曲线向吸光度坐标轴方向弯曲（向上）。

(3) 空心阴极灯中存在杂质成分，产生的辐射不能被待测元素基态原子所吸收，以及杂散光存在等因素，形成背景辐射，在检测器上同时被检测，使标准曲线向浓度坐标轴方向弯曲（向下）。

(4) 由于操作条件选择不当，如灯电流过大，将引起吸光度降低，也使标准曲线向浓度坐标轴方向弯曲（向下）。

总之，要获得线性好的标准曲线，必须选择适当的实验条件。

本实验通过原子吸收光谱分析自来水中钙、镁离子的含量。

三、仪器和药品

1. 仪器 原子吸收分光光度计；钙、镁空心阴极灯；无油空气压缩机或空气钢瓶；乙炔钢瓶；容量瓶；移液管。

2. 药品 碳酸镁（分析纯）；无水碳酸钙（分析纯）；1mol/L 盐酸溶液；自来水。

四、实验步骤

1. 标准溶液配制

(1) 钙标准储备液（1000μg/mL）：准确称取已在 110℃ 下烘干 2h 的无水碳酸钙 0.6250g 于 100mL 烧杯中，用少量蒸馏水润湿，盖上表面皿，滴加 1mol/L 盐酸溶液，至完全溶解，将溶液于 250mL 容量瓶中定容。

(2) 钙标准使用液（100μg/mL）：准确吸取 10mL 上述钙标准储备液于 100mL 容量瓶中定容。

(3) 镁标准储备液（1000μg/mL）：准确称取已在 110℃ 下烘干 2h 的碳酸镁 0.8750g 于 100mL 烧杯中，盖上表面皿，滴加 1mol/L 盐酸溶液 5mL 使其溶解，将溶液于 250mL 容量瓶中定容。

(4) 镁标准使用液（50μg/mL）：准确吸取 5mL 上述镁标准储备液于 100mL 容量瓶中定容。

2. 配制标准溶液系列

(1) 钙标准溶液系列 准确吸取 2.00mL、4.00mL、6.00mL、8.00mL、10.0mL 上述钙标准使用液（100μg/mL），分别置于 5 只 25mL 容量瓶中，用蒸馏水稀释至刻度线，摇匀备用。该标准系列钙溶液质量浓度依次为 8.00μg/mL、16.0μg/mL、24.0μg/mL、32.0μg/mL、40.0μg/mL。

（2）镁标准溶液系列　准确吸取 1.00mL、2.00mL、3.00mL、4.00mL、5.00mL 上述镁标准使用液（50μg/mL），分别置于 5 只 25mL 容量瓶中，用蒸馏水稀释至刻度线，摇匀备用。该标准系列镁溶液质量浓度依次为 2.00μg/mL、4.00μg/mL、6.00μg/mL、8.00μg/mL、10.0μg/mL。

3. 自来水水样准备

准确吸取适量（视未知钙、镁离子的浓度而定）自来水置于 25mL 容量瓶中，用蒸馏水稀释至刻度线，摇匀。

4. 溶液中钙的吸光度的测定

将原子吸收分光光度计按仪器操作步骤进行调节，待仪器电路和气路系统达到稳定，即可进样，在钙灯的条件下测定钙标准系列溶液的吸光度和自来水中钙的吸光度。

5. 溶液中镁的吸光度的测定

更换镁灯，等仪器达到稳定后，在相同的实验条件下，测定镁标准系列溶液的吸光度和自来水中镁的吸光度。

五、数据记录与处理

1. 记录实验条件。仪器型号，吸收线波长（nm），空心阴极灯电流（mA），狭缝宽度（mm），燃烧器高度（mm），乙炔流量（L/min），空气流量（L/min），燃助比。
2. 列表记录测量的钙、镁标准系列溶液的吸光度，然后以吸光度为纵坐标，标准系列溶液的浓度为横坐标绘制标准曲线。
3. 测量自来水样溶液的吸光度，然后在上述标准曲线上查得水样中钙、镁的浓度（μg/mL）。若经稀释需乘上倍数，求得原始自来水中钙、镁含量。

六、思考题

1. 简述原子吸收分光光度分析的基本原理。
2. 原子吸收分光光度分析为何要用待测元素的空心阴极灯作光源？能否用氢灯或钨灯代替，为什么？
3. 标准溶液系列配制浓度正确与否对实验结果有无影响？为什么？

实验二　原子吸收标准加入法测定黄酒中铜和镉的含量

一、实验目的

1. 学习使用标准加入法进行定量分析；
2. 掌握黄酒中有机物质的消化方法；
3. 熟悉原子吸收分光光度计的基本操作。

二、实验原理

标准加入法是仪器分析实验中常用的定量方法。当试样组分复杂，待测元素含量低时，采用标准加入法可以进行准确的定量分析。其测定原理为：取等量待测样品 n 份于相同容量瓶中，将待测标准样按 0、c、$2c$、$3c$、$4c$……$(n-1)c$ 分别加入容量瓶中，加溶剂至刻度线，配制好后分别测定其吸光度，并绘制吸光度-浓度工作曲线。延长工作曲线交于浓度轴，其交点 c_x 即为待测样浓度（图 4-2），再根据取样量计算黄酒中铜、镉含量。

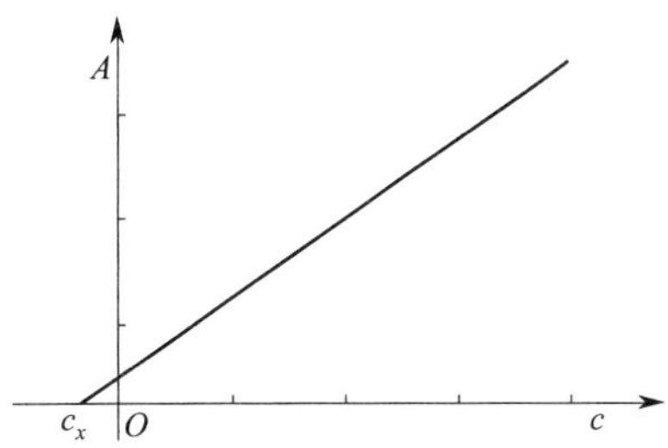

图 4-2　标准加入法

$$A_x = K'c_x \qquad A_0 = K'(c_x + c_0) \tag{4-14}$$

式中，A_x、A_0 分别为两次测量的吸光度；c_x 为待测的浓度；c_0 为加入标准溶液后溶液浓度增量，将两式整理得：

$$c_x = A_x c_0 / (A_0 - A_x) \tag{4-15}$$

在应用标准加入法时，应注意以下几点。

1. 为了得到较为准确的外推结果，至少要配制 4 种不同比例加入量的待测标准溶液，以提高测量准确度。

2. 绘制的工作曲线斜率不能太小，否则外延后将引入较大误差，为此应使加入量 c_0 与未知量 c_x 尽量接近。

3. 本法能消除基体效应带来的干扰，但不能消除背景吸收带来的干扰。

4. 待测元素的浓度与对应的吸光度应呈线性关系，即绘制的工作曲线应为直线，而且当 c_x 不存在时，工作曲线应该通过零点。

采用原子吸收分光光度法分析时，有机化合物在火焰中燃烧会改变火焰性质、温度、组成等，并且还经常在火焰中生成未燃尽的炭微细颗粒影响光的吸收。因此，一般预先以湿法消化或干法灰化的方法予以去除。湿法消化是使用具有强氧化性的酸，例如 HNO_3、H_2SO_4、$HClO_4$ 等，与有机化合物溶液共沸，使有机化合物分解，从而达到去除的目的。干法灰化是在高温下灰化、灼烧，使有机物质被空气中的氧所氧化而被破坏。本实验采用湿法消化法去除黄酒中的有机物质。

三、仪器与药品

1. 仪器　原子吸收分光光度计；铜、镉空心阴极灯。

2. 药品　铜标准溶液（200μg/mL）；镉标准溶液（10μg/mL）；浓硫酸；浓硝酸。

四、实验步骤

1. 试样处理

量取 100mL 黄酒试样于 250mL 烧杯中，加热浓缩至浆状，慢慢加入 10mL 浓硫酸并搅拌，加热消化。若一次消化不完全，可再加入 20mL 浓硫酸继续消化，之后加入 10mL 浓硝酸，加热。若溶液呈黑色，再加入 5mL 浓硝酸，继续加热。如此反复直至溶液呈淡黄色。

此时，黄酒中的有机物质完全被消化，将消化液转移到150mL容量瓶中，并用去离子水稀释至刻度线，摇匀备用。

2. 标准溶液系列的配制

（1）铜标准溶液系列　取5只100mL容量瓶，各加入10mL上述黄酒消化液，然后分别加入0mL、1.00mL、2.00mL、3.00mL、4.00mL铜标准溶液，再用去离子水稀释至刻度线，摇匀。该系列溶液加入铜的浓度分别为0μg/mL、2.00μg/mL、4.00μg/mL、6.00μg/mL、8.00μg/mL。

（2）镉标准溶液系列　取5只100mL容量瓶，各加入10mL上述黄酒消化液，然后分别加入0mL、2.00mL、3.00mL、4.00mL、6.00mL镉标准溶液，再用去离子水稀释至刻度线，摇匀。该系列溶液加入镉的浓度分别为0μg/mL、0.20μg/mL、0.30μg/mL、0.40μg/mL、0.60μg/mL。

3. 溶液中铜的吸光度的测定

将原子吸收分光光度计按仪器操作步骤进行调节，待仪器电路和气路系统达到稳定，即可进样，在铜灯的条件下测定上述铜标准系列溶液的吸光度。

4. 溶液中镉的吸光度的测定

更换镉灯，等仪器达到稳定后，在相同的实验条件下，测定镉标准系列溶液的吸光度。

五、数据记录与处理

1. 记录实验条件。

2. 记录铜、镉标准溶液系列的吸光度，然后以吸光度为纵坐标，铜、镉标准系列加入浓度为横坐标，绘制铜、镉工作曲线。

延长铜、镉工作曲线与浓度轴相交，根据交点求得的含量分别换算为黄酒消化液中铜、镉的浓度（μg/mL）。根据黄酒试液被稀释的情况，计算黄酒中铜、镉的含量。

六、注意事项

用酸将样品消解的目的是消化黄酒中的有机物，要消解完全至溶液显示透明的淡黄色。

七、思考题

1. 原子吸收光谱法一般要求吸光度的范围是多少？
2. 如果此实验吸光度值过小或过大，分别应该怎么处理？

实验三　石墨炉原子吸收光谱法测定血清中的铬

一、实验目的

1. 了解石墨炉原子化器工作原理和使用方法；

2. 学习生化样品的分析方法。

二、实验原理

火焰原子吸收法在常规分析中被广泛应用，但它雾化效率低，火焰气体的稀释使火焰中原子浓度降低，高速燃烧使基态原子在吸收区停留时间短，因此灵敏度受到限制。火焰原子吸收法至少需要 0.5～1mL 试液，数量较少的样品分析时有一定困难。因此，无火焰原子吸收法得到迅速发展，而高温石墨炉（HGA）原子化法是目前发展最快、使用最多的一种技术。

高温石墨炉法利用高温（约 3000℃）石墨管，使试样完全蒸发，充分原子化，试样利用率几乎达 100%。自由原子在吸收区停留时间长，故灵敏度比火焰原子吸收法高 100～1000 倍。试样用量仅 5～100μL，而且可以分析悬浮液和固体样品。它的缺点是干扰大，必须进行背景扣除，且操作比火焰原子吸收法复杂。

用高温石墨炉法测定血清中痕量元素，灵敏度高，样品用量少。为了消除基体干扰，采用标准加入法或配制于葡聚糖溶液中的系列标准溶液。

三、仪器与药品

1. 仪器　石墨炉原子吸收分光光度计；铬空心阴极灯；氩气钢瓶；50μL 微量注射器；容量瓶（1000mL 1 只，100mL 10 只）；吸量管（10mL 1 只，5mL 1 只）。

2. 药品　0.1000mg/mL 铬储备液（称取 0.3735g 在 150℃干燥的 $K_2Cr_2O_7$，溶于去离子水中，并定容于 1000mL 容量瓶中）；20%葡聚糖溶液；待测血清样品。

四、实验步骤

1. 配制系列标准溶液

①由 0.1000mg/mL 铬储备液逐级稀释成 0.100μg/mL 铬标准液。②在 5 只 100mL 容量瓶中分别加入 0.00mL、0.50mL、1.00mL、1.50mL、2.00mL 0.100μg/mL 铬标准液和 15mL 葡聚糖溶液，用去离子水稀释至刻度线，摇匀。

2. 开启仪器

按仪器操作方法启动仪器，并预热 20min，开启冷却水和保护气体开关。

实验条件如下。波长：357.9nm。缝宽：0.7nm。灯电流：5mA。干燥温度：100～130℃。干燥时间：100s。灰化温度：1100℃。灰化时间：240s。斜坡升温灰化时间：120s。原子化温度：2700℃。原子化时间：10s。进行背景校正，进样量 50μL。

① 标准溶液和试剂空白：调好仪器的实验参数，自动升温空烧石墨管调零，然后从稀至浓逐个测量空白溶液和系列标准溶液，进样量 50μL，每个溶液测定 3 次，取平均值。

② 血清样品：在同样实验条件下，每次进样 50μL，血清样品测量 3 次，取平均值。

实验结束时，按操作要求，关好气源和电源，并将仪器开关、旋钮置于初始位置。

五、数据记录与处理

1. 绘制标准曲线，并由血清试样的吸光度从标准曲线上查得样品溶液 Cr 的浓度。

2. 计算血清中 Cr 的含量（μg/mL）。

六、注意事项

1. 实验前应仔细了解仪器的构造及操作。
2. 实验前应检查通风是否良好，确保实验中产生的废气排出室外。
3. 使用微量注射器时，要严格按教师指导进行，防止损坏。

七、思考题

1. 在实验中通氩气的作用是什么？为什么要用氩气？
2. 配制标准溶液时，加入葡聚糖溶液的作用是什么？若不加葡聚糖溶液，还可采用什么方法？

实验四　火焰原子吸收光谱法测定人发中的锌

一、实验目的

1. 了解火焰原子吸收光谱分析中工作曲线法的基本原理与分析要领；
2. 掌握常用原子吸收光谱仪的操作方法以及测定人发中锌含量的实验技术。

二、实验原理

锌是人体所必需的重要微量元素之一，对生长发育、创伤愈合、免疫预防等都有重要作用。由于发样具有易采集保存、不易变质等优点，常用测定头发中的锌含量，来反映机体营养状况及一些病理变化。人发中锌含量的正常值波动范围甚宽，为 99～450μg/g，且个体差异亦大。实际上头发中的锌含量还受多种因素，如地域、季节、饮食、年龄、性别、发色、生长速度以及采样部位等的影响。所以对于它的实用评价，意见也不一致。用作反映机体营养状况，或以此作为对某种疾病的诊断参考，应采取慎重态度。

火焰原子吸收分光光度法由于方法简单，测定灵敏度高，因此在人发中微量锌的测定中得到了广泛的应用。

发样经洗涤、干燥处理后，称一定量用硝酸-高氯酸消化处理，使微量锌以金属离子状态转入到溶液中，然后按常规原子吸收光谱分析中的工作曲线法进行分析。

三、仪器与药品

1. 仪器　原子吸收光谱仪及其附件；电子天平；电热烘箱；100mL 烧杯；25mL 比色管。
2. 药品　硝酸（分析纯，密度 1.42kg/cm^3）；高氯酸（分析纯，密度 1.68kg/cm^3）。

四、实验步骤

1. 发样采集与准备

用不锈钢剪刀从头枕部剪取发样（要贴近头发根剪取并弃去发梢），取发量以 1g 左右为宜，然后剪成1cm左右长。

将发样放在100mL烧杯中，用1%的洗发露浸泡，置于电动搅拌器上搅拌30min，用自来水冲洗20遍，蒸馏水洗5遍，再用去离子水洗涤5遍，于65～67℃的烘箱中干燥240min，取出后放入干燥器中保存备用。

2. 消化处理

称取上述处理过的发样0.2000g于100mL烧杯中，加入5mL硝酸，盖上表面皿，在电热板上低温加热消解，待完全溶解以后取下冷却，后加入高氯酸1mL，再放在电热板上继续加热，冒白烟至溶液余1～2mL（不可蒸干）。取下冷却后加去离子水并将其移入到25mL比色管中，稀释至刻度线，摇匀待测。每批试样需同时进行消化，制取1份空白溶液。

3. 调整原子吸收分光光度计

按照要求调整好原子吸收分光光度计，预热20min，达到进样状态。

4. 标准系列溶液的配制及吸光度测定

吸取10μg/mL的锌标准溶液0mL、2.5mL、5.0mL、7.5mL、10.0mL、12.5mL分别放入6个25mL比色管中，用1%高氯酸溶液稀释至刻度线摇匀。按上述工作条件测定各标准溶液的吸光度。

5. 试液吸光度的测定

将经消化处理的发样溶液和空白溶液用测定标准溶液系列相同的工作条件，测定其吸光度。

五、数据记录与处理

1. 记录实验参数和实验数据。
2. 以标准系列溶液测定结果作 A-c 工作曲线。
3. 用发样吸光度减去空白吸光度所得值，从工作曲线中找出相应浓度，然后按发样称量算出Zn的含量。

六、注意事项

1. 点燃火焰前，必须先打开空气阀门，后打开乙炔气阀门；熄灭火焰时，必须先关闭乙炔气阀门，后关闭空气阀门。
2. 实验所用玻璃器皿要用硝酸浸泡24h，然后用去离子水冲洗干净，除去玻璃表面吸附的金属离子。
3. 锌在环境中大量存在，极容易造成污染，影响实验的准确性，必须同时做试剂空白实验，给予扣除。
4. 头发清洗时间不能太长，以免将发内的锌洗出，造成测定结果偏低。

七、思考题

1. 原子吸收分光光度计的主要部件及作用是什么？

2. 如果测定的吸光度值不够理想，可以通过调整仪器的哪些测定条件加以改善 1h?

实验五 原子吸收光谱法测定煤矸石中铁、镁含量

一、实验目的

1. 掌握火焰原子吸收光谱法测定铁、镁的实验原理；
2. 学会用原子吸收光谱法测定煤矸石中铁和镁；
3. 学习煤矸石样品的处理方法。

二、实验原理

煤矸石是在成煤过程中与煤共同沉积的有机化合物和无机化合物混合在一起的岩石。煤矸石的无机成分主要是硅、铝、钙、镁、铁的氧化物和某些稀有金属。煤矸石弃置不用，占用大片土地。自 20 世纪 60 年代起，很多国家开始重视煤矸石的处理和利用。我国早在 20 世纪中期就开始利用煤矸石，对其的综合利用从 70 年代中后期逐渐开始。煤矸石的综合利用受其元素含量影响较大。

本实验采用火焰原子吸收光谱法测定煤矸石中的铁和镁。样品经湿法消化后，配成合适的溶液，导入原子吸收分光光度计中，经火焰原子化后，铁、镁分别吸收 248.3nm 和 285.2nm 的共振线，其吸收量与它们的含量成正比，与标准系列比较定量。最低检测：铁 0.2μg/mL，镁 0.05μg/mL。

三、仪器与药品

1. 仪器　原子吸收分光光度计；铁、镁空心阴极灯。

2. 药品　盐酸、硝酸、高氯酸、氢氟酸均为分析纯；混合酸消化液（硝酸与高氯酸比为 4∶1）；0.5mol/L 硝酸溶液；铁和镁标准储备溶液（精确称取各 1.0000g 金属铁、金属镁（纯度大于 99.99%），或含 1.0000g 纯金属相对应的氧化物，分别加硝酸溶解，移入三只 1000mL 容量瓶中，加 0.5mol/L 硝酸溶液并稀释至刻度线。贮存于聚乙烯瓶内，4℃保存。此两种溶液每毫升各相当于 1mg 铁、镁）。

四、实验步骤

1. 样品处理

微量元素分析的样品制备过程中应特别注意防止各种污染。所用容器必须为玻璃或聚四氟乙烯制品。

称取在 (105±5)℃下烘干的煤矸石样品 0.2000g，放入 50mL 的聚四氟乙烯杯中，加入 5mL 浓 HNO_3、1mL 浓氢氟酸和 1mL 浓 $HClO_4$，加盖，先在电热板上低温加热，待棕色氮氧化物基本赶完后，去盖，高温加热至 $HClO_4$ 冒白烟，使样品完全溶解；然后将聚四氟乙烯杯取下，冷却，加 1∶5 HNO_3 3mL，微热至溶液透亮，冷却，用聚乙烯管转移至

25mL 容量瓶中，用去离子水少量多次洗涤聚四氟乙烯杯，移入 25mL 的容量瓶中定容，此为微量元素的待测液。取与消化样品相同量的混合酸消化液，按上述操作做试剂空白试验。

2. 测定

将铁标准储备液用 0.5mol/L 硝酸溶液配制成 0.5μg/mL、1μg/mL、2μg/mL、3μg/mL、4μg/mL 不同浓度系列的标准稀释液。

将镁标准储备液用 0.5mol/L 硝酸溶液配制成 0.05μg/mL、0.1μg/mL、0.2μg/mL、0.3μg/mL、0.4μg/mL 不同浓度系列的标准稀释液。

将原子吸收分光光度计按仪器使用说明调至最佳状态，在铁灯的条件下，将消化好的样液、试剂空白液和各元素的标准浓度系列分别导入火焰原子吸收分光光度计进行测定，得到溶液中铁的吸光度。

结束后更换镁灯，在相同的实验条件下，测定各溶液中镁的吸光度。

五、数据记录与处理

以各系列标准溶液浓度与对应的吸光度值绘制标准曲线。测定煤矸石样品及试剂空白液吸光度，由标准曲线查出浓度值（c 及 c_0），按下式计算煤矸石中相应元素的含量：

$$X=\frac{(c-c_0)Vf\times 100}{m\times 1000} \tag{4-16}$$

式中，X 为样品中元素的含量，mg/100g；c 为测定用样品中元素的浓度；c_0 为测定用空白液中元素的浓度；V 为样品定容体积；f 为稀释倍数；m 为样品质量。

六、思考题

1. 如何处理各种不同的样品？
2. 对样品进行消化的目的是什么？
3. 对铁和镁的测定还可以应用其他哪些方法？

第五章　分子光谱分析

第一节　概述

分子和原子一样，也有它的特征分子能级。分子内部的运动可分为价电子运动、分子内原子在平衡位置附近的振动和分子绕其重心的转动。因此分子具有电子（价电子）能级、振动能级和转动能级。分子的总能量 E 等于下列三项之和：

$$E=E_e+E_v+E_r$$

式中，E_e、E_v、E_r 分别代表电子能级、振动能级和转动能级。分子从外界吸收能量后，就能引起分子能级的跃迁，即从基态能级跃迁到激发态能级。分子吸收能量具有量子化的特征，即分子只能吸收等于两个能级差的能量，才能发生能级间的辐射跃迁。由于三种能级跃迁所需能量不同，所以需要不同波长的电磁辐射使它们跃迁，即在不同的光学区域出现吸收谱带。

电子能级所需能量较大，其能量一般在 1～20eV，相应波长为 1240～62nm，因为 60～200nm 属于远紫外区或真空紫外区，能被大气吸收，不容易被利用（用前须抽成真空，再充惰性气体）。所以紫外-可见吸收光谱实际上研究的是 200～800nm 的电磁波。分子振动能级差一般在 0.05～1eV，对应的电磁波为波长 25～1.25μm 的红外光，吸收能量属于红外光区，故又称红外光谱或振动转动光谱。分子转动能级差一般在 0.005～0.05eV，对应波长为 250～25μm 的远红外光，由于其分析过程干扰因素较多，目前应用较少。电子能级间跃迁的同时，伴随有振动和转动能级间的跃迁。所以电子光谱中包含有振动能级和转动能级间跃迁产生的若干谱线而呈现带状宽谱。

分子光谱根据光谱产生的原理主要分为紫外-可见吸收光谱（ultra-violet absorption spectrometry，UV），分子发光光谱（molecular luminescence spectrometry）、红外吸收光谱（infrared absorption spectrometry，IR）和拉曼光谱（Raman spectrometry）。紫外-可见吸收光谱是由于物质吸收一定波长的紫外-可见光，分子中价电子能级跃迁而形成的一种分析方法。不同物质分子中价电子类型、分布和结构不同，紫外-可见吸收光谱就不同，因此紫外-可见光谱可用于定性和结构分析。有机分子中有三种不同性质的价电子：形成单键的 σ 电子、形成双键的 π 电子以及未成键的 n 电子。相应产生的电子跃迁为：

$$\sigma\rightarrow\sigma^* \qquad n\rightarrow\sigma^* \qquad \pi\rightarrow\pi^* \qquad n\rightarrow\pi^*$$

它们所需要的能量大小次序如下：

$$\sigma\rightarrow\sigma^{*}>n\rightarrow\sigma^{*}\geqslant\pi\rightarrow\pi^{*}>n\rightarrow\pi^{*}$$

其中 $\sigma\rightarrow\sigma^{*}$、$n\rightarrow\sigma^{*}$、孤立双键的 $\pi\rightarrow\pi^{*}$ 跃迁所需能量较大，吸收带波长较短，一般出现在远紫外区（60～200nm），在普通的紫外-可见分光光度计的检测范围（200～1000nm）之外。共轭效应所形成的大 π 键，使 $\pi\rightarrow\pi^{*}$ 跃迁能量下降，吸收带称为 K 带，即共轭带，向长波方向移动到仪器检测范围内。所以紫外-可见吸收光谱研究的重点是共轭体系中的 $\pi\rightarrow\pi^{*}$ 跃迁和与双键相连接的杂原子上未成键的孤对电子的 $n\rightarrow\pi^{*}$ 跃迁。

紫外吸收光谱是带状光谱，吸收带的位置用吸收强度最大处的波长，即最大吸收波长（λ_{max}）表示，吸收带的强度用该波长处的摩尔吸收系数 ε_{max} 表示。分子中有一些特征吸收带，共轭体系中产生的吸收带 K 带，其特点是吸收强度大，摩尔吸收系数 ε_{max} 在 10^{4}L/(mol·cm) 左右，随着共轭体系中双键数目增加而增大，吸收位置随着双键数目增加向长波方向移动。$n\rightarrow\pi^{*}$ 产生的吸收带称为基团带，R 带，它的 ε_{max} 小于 100L/(mol·cm)；在芳香族化合物中，环状共轭体系的 $\pi\rightarrow\pi^{*}$ 产生 E_1、E_2 和 B 三个吸收带，其中 E_2 和 B 带的吸收波长大于 200nm，能被仪器所检测。溶剂不同时，会影响紫外-可见吸收光谱的位置和强度，称为紫外-可见光谱的溶剂极性效应。即不同极性的溶剂对溶质吸收峰位置有影响，溶剂极性越强，$\pi\rightarrow\pi^{*}$ 跃迁产生谱带向长波移动越显著；溶剂极性越强，$n\rightarrow\pi^{*}$ 产生谱带向短波方向移动越明显，即发生蓝移。这是因为 $n\rightarrow\pi^{*}$ 跃迁分子中含未成键 n 电子，能与极性溶剂形成氢键，作用强度比 π^{*} 大，因而基态能级比激发态能级下降程度大。$n\rightarrow\pi^{*}$ 跃迁能量增大，波长蓝移。利用这个原理，可以进行溶剂中氢键强度的测定。另外，溶剂对溶质吸收峰强度和精细结构也有影响，因此，若希望得到有特征的精细结构，则应在溶解度允许范围内选择极性小的溶剂。

紫外-可见吸收光谱仪主要包括光源、单色器、样品池和检测器。仪器结构简单，价格便宜，分析灵敏度高，所以应用广泛。它可以进行物质的定性分析、定量分析、结构分析、纯度分析、物理化学常数的测定以及氢键强度测定等。

红外吸收光谱又称为分子振动转动光谱，是有机物结构分析的重要工具之一。红外光谱波长范围为 0.75～1000μm，波长范围 0.75～2.5μm 属于近红外区，它是 O—H、N—H、C—H 倍频吸收，波长范围 2.5～25μm 属于中红外区，对应的波数为 4000～400cm^{-1}，它是化学键的基频振动，波长范围 25～1000μm 属于远红外区，它是化合物的骨架振动和转动吸收峰。绝大多数有机化合物的基团振动基频分布在中红外区，所以研究和应用最多的是中红外区的红外吸收光谱。

当一定频率的红外光照射分子时，若分子中某个基团的振动频率和红外辐射的频率一致，此时光的能量可通过分子偶极矩的变化传递给分子，这个基团就吸收了该频率的红外光产生振动能级跃迁。各种化合物分子结构不同，分子中各个基团的振动频率不同，其红外吸收光谱也不同，利用这一特性，可进行有机化合物的结构分析和定性鉴定。红外光谱法应用面广，提供信息多且具有特征性，依据分子红外光谱吸收峰的位置、数目及其强度，可以鉴定未知物的结构；依据吸收峰强度与化学基团含量的关系，可进行定量分析。红外光谱分析不受样品的相态、熔点、沸点和蒸气压限制，样品用量少且可回收，不破坏试样，分析速度快，操作方便等，所以其应用广泛，红外吸收光谱已经是现代结构化学、有机化学和分析化学领域中不可缺少的工具。传统的红外光谱仪结构和紫外-可见光谱仪类似，由光源、样品池、单色器和检测器组成，因为光源不同，需要的光路材料也不同，红外光谱要特别注意防潮。现在采用的红外光谱仪都是傅里叶变换红外光谱仪，结构上不需要单色器，但是多了迈克尔逊干涉仪和计算机。

紫外-可见光谱和红外光谱都属于吸收光谱，而拉曼（Raman）光谱和分子发光光谱属于发光光谱。拉曼光谱是一种散射光谱，它检测的是散射光频率与入射光频率的差值，也称为拉曼位移，它与入射光的频率无关，而与分子结构有关。每一种物质都有自己的特征拉曼光谱，拉曼谱线的数目、位移值的大小和谱带的强度等都与物质分子振动和转动能级有关。所以拉曼光谱提供的结构信息是关于分子内部各种振动频率以及有关振动能级的情况，从而可以用来鉴定分子中存在的官能团，进而进行分子结构的识别。拉曼光谱研究分子结构时与红外光谱互为补充，分子振动时，如果偶极矩改变，产生红外光谱；如果分子极化率改变，产生拉曼光谱。拉曼光谱提供的信息丰富，但谱图较红外光谱简单，强度与浓度呈简单的线性关系，因此用于定量分析有一定优点。拉曼光谱中水的拉曼峰很弱，可用作溶剂进行结构分析，另外，拉曼测定制样简单，样品可以是固体、液体或气体。根据拉曼光谱的分析原理，拉曼光谱仪主要由激光光源、样品室、单色器、检测记录系统和计算机五部分组成。

分子发光分析包括分子荧光和磷光分析以及化学发光分析。分子荧光是分子受激后由第一激发单重态回到基态的任一振动能级发出的电磁辐射。分子磷光是分子受激后由第一激发三重态回到基态的任一振动能级发出的电磁辐射。化学反应过程中分子吸收释放的化学能而被激发，当回到基态时，发出的光辐射，称化学发光。分子荧光和磷光属于光致发光，涉及的是价电子的跃迁，吸收的光属于紫外-可见光范围。光电子能量关系为 $E_{激发}>E_{荧光}>E_{磷光}$，对应的波长 $\lambda_{激发}<\lambda_{荧光}<\lambda_{磷光}$，磷光的寿命长于荧光，由此可以区分荧光和磷光。具有共轭结构化合物才可能发射出荧光，刚性平面结构增加荧光强度，在荧光和磷光分析时注意猝灭。磷光强度较弱，为减少失活，常在低温下测定，近些年发展了固体磷光分析法。不同物质价电子能级不同，发射的荧光和磷光不同，所以荧光和磷光可以进行结构分析。荧光和磷光强度和物质的浓度有关，因而可以进行定量分析。荧光分光光度计包括激发光源、样品池、双单色器系统和检测器。荧光计配上磷光测量附件即可对磷光进行测量，在有荧光发射的同时测量磷光。荧光-磷光分析法灵敏度高，比紫外-可见光谱法高 2～4 个数量级，选择性强，试样用量少，但是由于结构的限制，应用范围小。

本章分为三部分，紫外-可见吸收光谱分析，红外和拉曼光谱分析、荧光和磷光光谱分析。光谱分析在仪器分析中占有重要的地位，应用范围广，所以这一部分设置的实验较多。在紫外-可见吸收光谱分析中设置六个实验，包括了电子跃迁类型的鉴定实验，光谱红移、蓝移的溶剂影响实验以及紫外-可见光谱的应用实验。第二部分红外和拉曼光谱分析，设置八个实验，六个红外分析，两个拉曼分析。红外光谱分析安排了三个经典实验，两个综合性较强的实验（其中一个属于研究性实验），同时增加了近些年新发展的全反射光谱实验。拉曼光谱分析设置两个实验，主要应用于药物和新材料上。荧光和磷光光谱分析设置五个实验，四个实验是荧光的测定，一个是室温磷光测定。荧光测定中有量子产率的测定，有物质含量的测定，还有综合性较强的衍生化处理后的荧光测定。

第二节　实验部分

第一部分　紫外-可见吸收光谱分析

实验一　鉴定和识别有机化合物中的电子跃迁类型

一、实验目的

1. 熟悉有机化合物中几种主要的电子跃迁类型；
2. 了解环境对体系的影响。

二、实验原理

在有机化合物中常遇到的电子跃迁类型如表 5-1 所示。

表 5-1　某些常见生色团的吸收特性

生色团	实例	溶剂	λ_{max}/nm	ε_{max}	跃迁类型
碳-碳双键	$C_6H_{13}CH=CH_2$	正庚烷	177	13000	$\pi\to\pi^*$
碳-碳叁键	$C_5H_{11}C\equiv C-CH_3$	正庚烷	178	10000	$\pi\to\pi^*$
羧基	CH_3COOH	乙醇	204	41	$n\to\pi^*$
酰氨基	CH_3CONH_2	水	214	60	$n\to\pi^*$
羰基	CH_3COCH_3	正己烷	186	1000	$n\to\sigma^*$
			280	16	$n\to\pi^*$
	CH_3COH	正己烷	180	大	$n\to\sigma^*$
			293	12	$n\to\pi^*$
偶氮基	$CH_3N=NCH_3$	乙醇	339	5	$n\to\pi^*$
硝基	CH_3NO_2	异辛烷	280	22	$n\to\pi^*$
亚硝基	C_4H_9NO	乙醚	300	100	$n\to\pi^*$
硝酸酯	$C_2H_5ONO_2$	二氧己烷	270	12	$n\to\pi^*$

生色团是分子中能吸收紫外-可见光，而产生电子跃迁的基团，当它们与无吸收的饱和基团相连时，其吸收波长出现在 185～1000nm 之间。根据生色团的吸收带类型，可将其分为①产生于 $\pi\to\pi^*$ 跃迁的 K 带；②产生于 $n\to\pi^*$ 的 R 带；③产生于芳香化合物禁阻 $\pi\to\pi^*$ 跃迁的 B 带。

助色团是一些具有非键电子的基团，如—OH、—OR、—NHR、—Cl、—Br 等，它们本身不能吸收大于 200nm 的光，但当它们与生色团相连时，会增加生色团的吸收强度，改变分子的吸收波长。

当分子中含有两个或两个以上的生色团时，它们之间的相对位置将会影响分子的吸收带，其一般规律如下。

① 当分子中两个生色团被一个以上的碳原子分开时，产生的吸收等于两个生色团单独存在时的和。

② 当分子中两个生色团相邻时，其吸收波长相比只有一个生色团时出现在较长波长处，且吸收强度增强。

③ 当分子中两个生色团同时与一个碳原子相连时，其吸收情况是上述①、②两种极端条件的中间状态。

吸收峰的位置及强度随使用的溶剂不同而异。这些影响与溶剂的性质、吸收带的特征以及溶剂的性质有关。一般情况下，随着溶剂极性的增加，$n \rightarrow \pi^*$ 跃迁吸收带向短波移动，而 $\pi \rightarrow \pi^*$ 跃迁带向长波移动。

三、仪器与药品

1. 仪器 紫外-可见分光光度计；1cm 石英比色皿。

2. 药品 2.0×10^{-3}mol/L 碘甲烷（溶剂：己烷）；2.0×10^{-3}mol/L 碘甲烷（溶剂：甲醇）；1.0×10^{-2}mol/L 丙酮（溶剂：水）；1.0×10^{-2}mol/L 2,5-己二酮（溶剂：水）；4.0×10^{-3}mol/L 甲基酮（溶剂：水）；4.0×10^{-3}mol/L 苯（溶剂：甲醇）；3.1×10^{-3}mol/L 苯酚（溶剂：甲醇）。

四、实验步骤

1. 用与该溶液对应的溶剂为参比，分别测定上述 7 种溶液在 200～650nm 范围内的吸收光谱曲线。记录其最大吸收波长 λ_{max}（nm）和吸光度 A。

2. 滴一滴纯苯在比色皿的底部，并且盖上盖子，让其自然挥发。以空气为参比，测定气态苯的吸收光谱曲线，记录 λ_{max}（nm）和吸光度 A。

五、数据记录与处理

1. 计算 7 种溶液的摩尔吸收系数 ε_{max}。

2. 用列表形式总结所测试样的 λ_{max}、ε_{max} 及吸收带的跃迁类型。

六、思考题

1. 为什么在紫外-可见光区常用水、甲醇和己烷为溶剂测定吸收光谱曲线？

2. 指出碘甲烷在水和己烷中测定时，最大吸收波长相差多少？

3. 气态苯和溶液中苯的吸收曲线有何不同？为什么？

实验二 有机化合物的紫外吸收光谱及溶剂效应

一、实验目的

1. 学习有机化合物结构与其紫外光谱之间的关系；

2. 了解不同极性溶剂对有机化合物紫外吸收带位置、形状及强度的影响；

3. 学习紫外-可见分光光度计的使用方法。

二、实验原理

与紫外-可见吸收光谱有关的电子有三种，即形成单键的 σ 电子、形成双键的 π 电子以及未参与成键的 n 电子。跃迁类型有：$\sigma \to \sigma^*$、$n \to \sigma^*$、$n \to \pi^*$、$\pi \to \pi^*$ 四种。在以上几种跃迁中，只有 $\pi \to \pi^*$ 和 $n \to \pi^*$ 两种跃迁的能量小，其相应波长出现在近紫外区甚至可见光区，且对光的吸收强烈，是研究的重点。

影响有机化合物紫外吸收光谱的因素有内因和外因两个方面。

内因是指有机物的结构，主要是共轭体系的电子结构。随着共轭体系的增大，吸收带向长波方向移动（称作红移），吸收强度增加。紫外光谱中含有 π 键的不饱和基团称为生色团，如 C═C、C═O、—NO_2、苯环等，含有生色团的化合物通常在紫外或可见光区域产生吸收带。含有杂原子的饱和基团称为助色团，如—OH、—NH_2、—OR、—Cl 等。助色团本身在紫外及可见光区域不产生吸收带，但当其与生色团相连时，形成 $n \to \pi^*$ 共轭而使生色团的吸收带红移，吸收强度也有所增加。

影响有机化合物紫外吸收光谱的外因是测定条件，如溶剂效应等。溶剂效应是指受溶剂的极性或酸碱性的影响，溶质吸收峰的波长、强度以及形状发生不同程度的变化。这是因为溶剂分子和溶质分子间可能形成氢键，或极性溶剂分子的偶极使溶质分子的极性增强，从而引起溶质分子能级的变化，使吸收带发生迁移。随着溶剂极性的增加，K 带红移，而 R 带向短波方向移动（称作蓝移或紫移）。溶剂极性效应如图 5-1 所示。

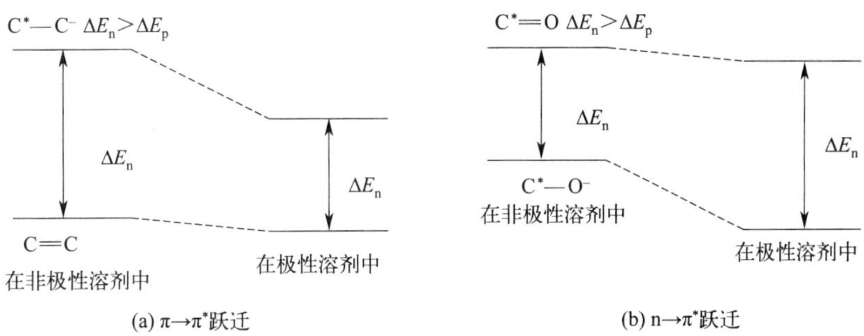

图 5-1 溶剂极性效应

极性溶剂不仅影响溶质吸收波长的位移，而且还影响吸收峰吸收强度和它的形状，如苯酚的 B 吸收带，在不同极性溶剂中，其强度和形状均受到影响。在非极性溶剂正庚烷中，可清晰看到苯酚 B 吸收带的精细结构，但在极性溶剂乙醇中，苯酚 B 吸收带的精细结构消失，仅存在一个宽的吸收峰，而且其吸收强度也明显减弱。在许多芳香烃化合物中均有此现象。由于有机化合物在极性溶剂中存在溶剂效应，所以在记录紫外吸收光谱时，应注明所用的溶剂。

另外，由于溶剂本身在紫外光谱区也有其吸收波长范围，故在选用溶剂时，必须考虑它们的干扰。

本实验通过苯、苯酚、乙酰苯和异丙叉丙酮等在正庚烷、氯仿、甲醇和水等溶剂中紫外吸收光谱的绘测，观察分子结构以及溶剂效应对有机化合物紫外吸收光谱的影响。

三、仪器与药品

1. 仪器　772 型紫外分光光度计。

2. 药品　苯；苯酚；乙酰苯；异丙叉丙酮；正庚烷；正己烷；氯仿；甲醇；乙醇等均为分析纯。

(1) 异丙叉丙酮的正己烷溶液、氯仿溶液、甲醇溶液及水溶液的配制：取四只 100mL 容量瓶，各注入 10μL 的异丙叉丙酮，然后分别用正己烷、氯仿、甲醇和去离子水稀释到刻度线，摇匀，得到约 0.1mg/mL 的异丙叉丙酮溶液。

另取四只 100mL 容量瓶各注入 500μL 的异丙叉丙酮配制约 5mg/mL 的异丙叉丙酮溶液。

(2) 苯的正庚烷溶液和乙醇溶液（约 0.1mg/mL）的配制：取两只 100mL 容量瓶，各注入 10μL 苯，然后分别用正庚烷和乙醇稀释到刻度线，摇匀。

(3) 苯酚的正庚烷溶液和乙醇溶液（约 0.1mg/mL）的配制：配制方法同上。

(4) 乙酰苯的正庚烷溶液和乙醇溶液（约 0.1mg/mL）的配制：配制方法同上。

四、实验步骤

1. 实验条件

722 型紫外分光光度计波长扫描范围：400～190nm。带宽：10nm。

石英吸收池：1cm。扫描速度：200nm/cm。

参比溶液：被测溶液的相应溶剂。

根据实验条件，将 722 型紫外分光光度计按仪器操作步骤进行调节。

2. 测试

测试各溶液的吸光度，得到各溶液的紫外吸收光谱。

五、数据记录与处理

1. 记录实验条件。

2. 比较在同一种溶剂中苯、苯酚、乙酰苯的紫外吸收光谱，讨论有机物结构对紫外吸收光谱的影响。

3. 比较非极性溶剂正庚烷和极性溶剂乙醇对苯、苯酚、乙酰苯的紫外吸收光谱中最大吸收波长 λ_{max} 以及吸收峰形状的影响。

4. 从异丙叉丙酮的四张紫外吸收光谱中确定其 K 带和 R 带最大吸收波长 λ_{max}，并说明在不同极性溶剂中异丙叉丙酮吸收峰波长移动的情况。

六、思考题

1. 当助色团或生色团与苯环相连时，紫外吸收光谱有哪些变化？

2. 在异丙叉丙酮紫外吸收光谱图上能有几个吸收峰？它们分别属于什么类型跃迁？如何区分它们？

(1) 举例说明极性溶剂对 $\pi \rightarrow \pi^*$ 跃迁和 $n \rightarrow \pi^*$ 跃迁吸收峰的影响。

(2) 当被测试液浓度太大或太小时，对测量将产生怎样影响，应如何加以调节？

(3) 在本实验中是否可用去离子水来代替各溶剂作参比溶液？为什么？

实验三 利用紫外吸收光谱检查物质的纯度

一、实验目的

1. 学习利用紫外吸收光谱检查物质纯度的原理和方法；

2. 熟悉紫外-可见分光光度计的操作。

二、实验原理

物质的紫外吸收光谱是物质分子中生色团和助色团的贡献，也是物质整个分子的特征表现。例如具有 π 键电子的共轭双键化合物、芳香烃化合物等，在紫外光谱区都有强烈吸收，其摩尔吸光系数 ε 可达 $10^4 \sim 10^5$，这与饱和烃化合物有明显的不同。利用这一特性，可以很方便地检查纯饱和烃化合物中是否含有共轭双键、芳香烃等化合物杂质。图 5-2 和图 5-3 为不同物质的紫外光谱。

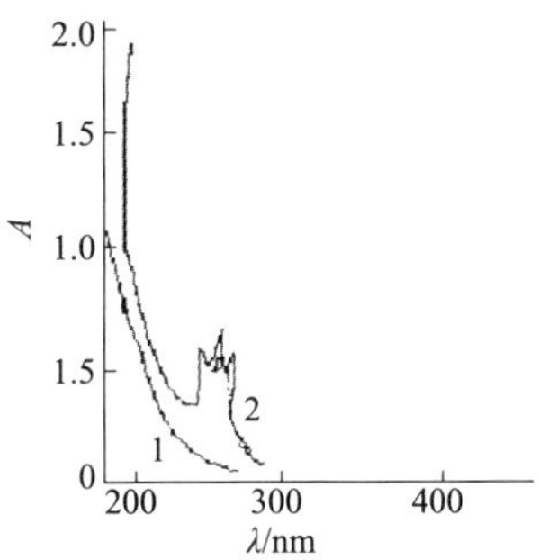

图 5-2 曲线 1 纯乙醇紫外光谱，曲线 2 苯在乙醇中的紫外光谱

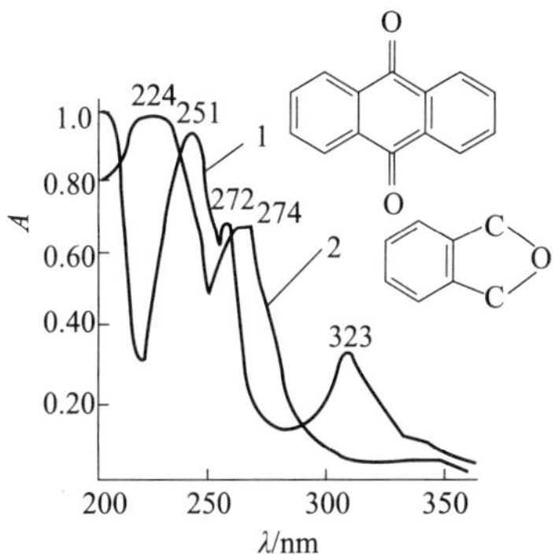

图 5-3 曲线 1 和曲线 2 分别为蒽醌和邻苯二甲酸酐在甲醇中的紫外光谱

从图 5-2 中的曲线 1 和曲线 2 可以看出：由于乙醇中含有微量苯，故在波长 230～270nm 处出现 B 吸收带，而纯乙醇在该波长范围内不出现苯的 B 吸收带。因此可利用物质紫外吸收光谱的不同，检查物质的纯度。图 5-3 所示蒽醌和邻苯二甲酸酐的紫外吸收光谱，由于蒽醌分子结构中的双键共轭体系大于邻苯二甲酸酐，因此，蒽醌的吸收带红移比邻苯二甲酸酐大，且吸收带形状及其最大吸收波长各不相同，由此可以进行鉴定。

三、仪器与药品

1. 仪器 紫外分光光度计。

2. 药品 苯；蒽醌；邻苯二甲酸酐；甲醇；乙醇；正庚烷等（均为分析纯）。苯的正庚烷溶液和乙醇溶液；蒽醌的甲醇溶液[$0.01g/(100mL^{-1})$]；邻苯二甲酸酐的甲醇溶液

[0.01g/(100mL^{-1})]。

四、实验步骤

1. 根据实验条件，将紫外分光光度计按操作步骤进行调节，若仪器状态正常，即可测定各试液的紫外吸收光谱，如果测得紫外吸收光谱的吸收峰为平头峰或太小，可适当改变试液浓度。

2. 紫外光谱测定：分别用正庚烷和乙醇作参比，测定苯的正庚烷溶液和乙醇溶液的紫外吸收光谱；用甲醇溶液作参比，测定蒽醌的甲醇溶液和邻苯二甲酸酐的甲醇溶液紫外吸收光谱。

五、数据记录与处理

1. 记录不同溶液的紫外光谱曲线。
2. 分析光谱曲线，从而分析溶液的纯度。

六、思考题

哪些情况下可以利用紫外吸收光谱进行物质的纯度检查？

实验四　磺基水杨酸和铁（Ⅲ）配合物的组成及稳定常数的测定

一、实验目的

1. 了解光度法测定配合物的组分及其稳定常数的原理；
2. 测定 pH<2.5 时磺基水杨酸铁的组成及其稳定常数；
3. 学习分光光度计的使用。

二、实验原理

磺基水杨酸（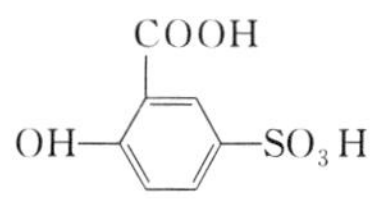

，简式为 H_3R）与 Fe^{3+} 可以形成稳定的配合物，因溶液 pH 的不同，形成配合物的组成也不同。本实验将测定 pH<2.5 时红褐色磺基水杨酸合铁（Ⅲ）配离子的组成及其稳定常数。

测定配合物的组成常用光度法。由于所测溶液中磺基水杨酸是无色的，Fe^{3+} 溶液很稀，也可认为是无色的，只是磺基水杨酸铁配离子（MR_n）是有色的，因此，溶液的吸光度只与配离子的浓度成正比。测定溶液吸光度，可求出该配离子的组成。

实验等摩尔系列法：用一定波长的单色光，测定一系列组分变化溶液的吸光度（中心离子 M 和配体 R 的总物质的量保持不变，而 M 和 R 的摩尔分数连续变化）。显然，在这一系列溶液中，有一些溶液的金属离子是过量的，而另一些溶液配体也是过量的，在这两部分溶液中，配离子的浓度都不可达到最大值，只有当溶液中金属离子与配体的物质的量之比与配离子的组成一致时，配离子的浓度才能最大。由于中心离子和配体对光几乎不吸收，所以配离子的浓度越大，溶液的吸光度也越大，总体来说，就是在特定波长下，测定一系列的[R]/([M]+[R])组成溶液的吸光度 A，作 A-[R]/([M]+[R])的曲线图，则曲线必然存在着极大值，而极大值所对应的溶液组成就是配合物的组成，如图 5-4 所示。

但是中心离子 M 和配体 R 实际存在着一定程度的吸收时，所观察到的吸光度 A 就并不是完全由配合物 MR_n 的吸光所引起，此时需要加以校正，其校正的方法如下。

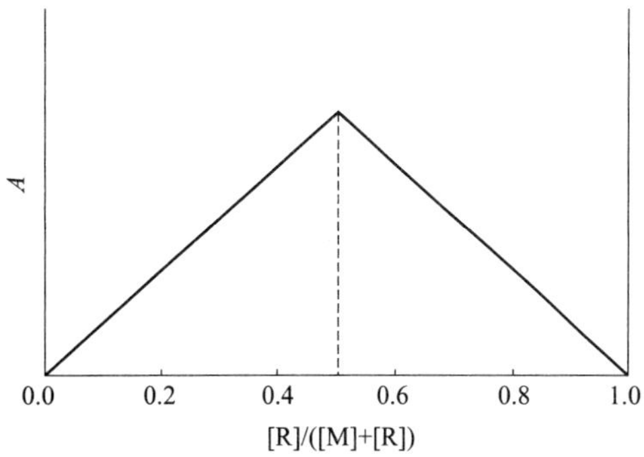

图 5-4 A-[R]/([M]+[R])曲线

分别测定单纯金属离子和单纯配离子溶液的吸光度 M 和 N。在 A'-[R]/([M]+[R])的曲线图上，过[R]/([M]+[R])等于 0 与 1.0 的两点做直线 MN，则直线上所表示不同组成的吸光度值，可以认为是由 [M] 及 [R] 的吸收所引起的。因此，校正后的吸光度 A' 应等于曲线上的吸光度值减去相应组成下直线上的吸光度数值，即 $A'=A-A_0$，如图 5-5 所示。最后作 A'-[R]/([M]+[R])的曲线，出现极大值时所对应的组成才是配合物的实际组成，如图 5-6 所示。

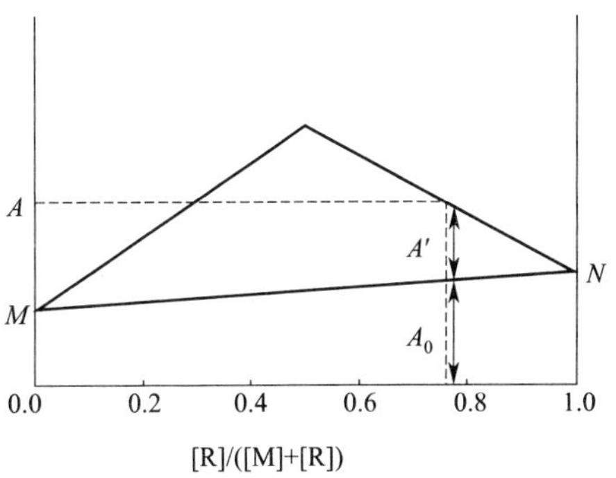

图 5-5 A-[R]/([M]+[R])曲线

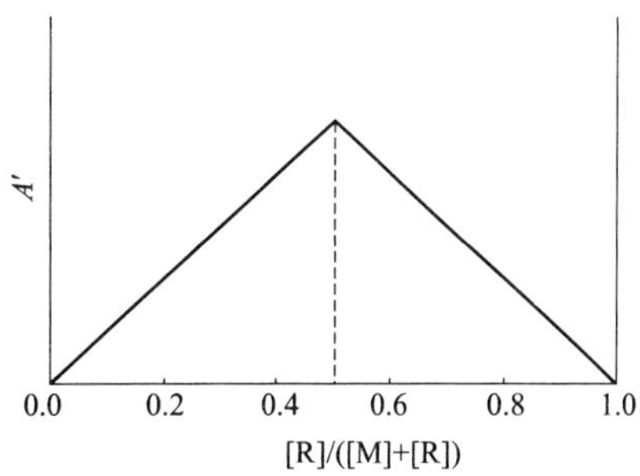

图 5-6 A'-[R]/([M]+[R])曲线

设 $x_{(R)}$ 为曲线极大值所对应的配体的摩尔分数：

$$x_{(R)}=\frac{[\mathrm{R}]}{[\mathrm{M}]+[\mathrm{R}]} \tag{5-1}$$

则配合物的配位数为：

$$n=\frac{[\mathrm{R}]}{[\mathrm{M}]}=\frac{x_{(R)}}{1-x_{(R)}} \tag{5-2}$$

由图 5-7 可看出，最大吸光度（A 点）可被认为是 M 和 R 全部形成配合物的吸光度，其值为 ε_1。由于配离子有一部分解离，其浓度要稍小些，所以实验测得的最大吸光度在 B 点，其值为 ε_2，因此配离子的解离度 α 可表示为：

$$\alpha=\frac{\varepsilon_1-\varepsilon_2}{\varepsilon_1} \tag{5-3}$$

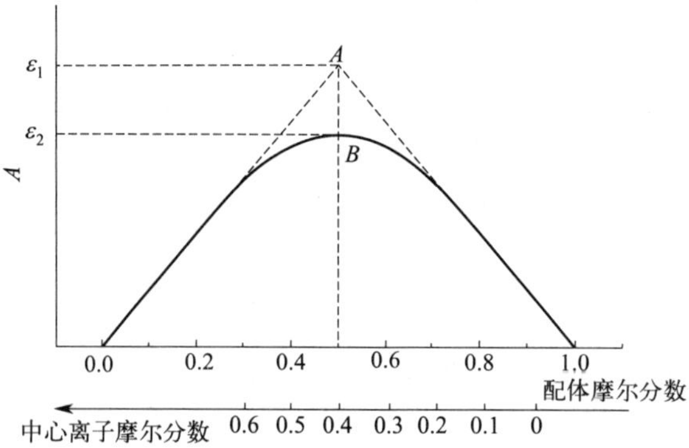

图 5-7 等摩尔系数法

对于 1∶1 组成配合物，根据下面关系式即可导出稳定常数 K。

$$M+R \rightleftharpoons MR$$

平衡浓度 $c\alpha \quad c\alpha \quad c-c\alpha$

$$K=\frac{[MR]}{[M][R]}=\frac{1-\alpha}{c\alpha^2} \tag{5-4}$$

式中，c 是相应于 A 点的金属离子浓度。

三、仪器与药品

1. 仪器 紫外分光光度计；烧杯；容量瓶（100mL，50mL）；锥形瓶（150mL）。

2. 药品 $HClO_4$（0.01mol/L）；磺基水杨酸（0.0100mol/L）；Fe^{3+} 溶液（0.0100mol/L）。

四、实验步骤

1. 配制系列溶液

（1）配制 0.0010mol/L Fe^{3+} 溶液。

准确吸取 10.0mL 0.0100mol/L 溶液，加入 100mL 容量瓶中，用 0.01mol/L $HClO_4$ 溶液稀释至刻度线，摇匀备用。

（2）用三支 10mL 吸量管按表 5-2 列出的体积，分别吸取 0.01mol/L $HClO_4$ 溶液、0.0100mol/L Fe^{3+} 溶液和 0.0100mol/L 磺基水杨酸溶液，一一注入 11 只 50mL 锥形瓶中，摇匀。

2. 测定系列溶液的吸光度

用紫外分光光度计（波长为 500nm 的光源）测量系列溶液的吸光度。

五、数据记录与处理

1. 将测得的数据记入表 5-2。

表 5-2 不同溶液的吸光度

序 号	$HClO_4$ 溶液的体积/mL	Fe^{3+} 溶液的体积/mL	H_3R 溶液的体积/mL	H_3R 摩尔分数	吸光度
1	10.0	10.0	0.0		
2	10.0	9.0	1.0		
3	10.0	8.0	2.0		
4	10.0	7.0	3.0		

续表

序　号	$HClO_4$ 溶液的体积/mL	Fe^{3+} 溶液的体积/mL	H_3R 溶液的体积/mL	H_3R 摩尔分数	吸光度
5	10.0	6.0	4.0		
6	10.0	5.0	5.0		
7	10.0	4.0	6.0		
8	10.0	3.0	7.0		
9	10.0	2.0	8.0		
10	10.0	1.0	9.0		
11	10.0	0.0	10.0		

2. 以吸光度对磺基水杨酸的摩尔分数作图，从图中找出最大吸收峰，求出配合物的组成和稳定常数。

六、思考题

1. 本实验测定配合物的组成及稳定常数的原理是什么？

2. 用等摩尔系列法测定配合物组成时，为什么说溶液中中心离子的物质的量与配位体的物质的量之比正好与配离子组成相同时，配离子的浓度为最大？

3. 在测定吸光度时，如果温度变化较大，对测得的稳定常数有何影响？

4. 本实验为什么用 $HClO_4$ 溶液作空白溶液？为什么选用 500nm 波长的光源来测定溶液的吸光度？

实验五　差值紫外吸收光谱法测定废水中微量苯酚

一、实验目的

1. 学会使用紫外-可见分光光度计；

2. 掌握用差值吸收光谱法测定废水中微量的苯酚。

二、实验原理

酚类化合物在酸、碱溶液中发生不同程度的解离，其吸收光谱也发生变化。例如，苯酚在紫外光区有两个吸收峰，在酸性或中性溶液中，λ_{max} 为 210nm 和 272nm，在碱性溶液中，λ_{max} 位移至 235nm 和 288nm。这是由于它的结构发生了变化。

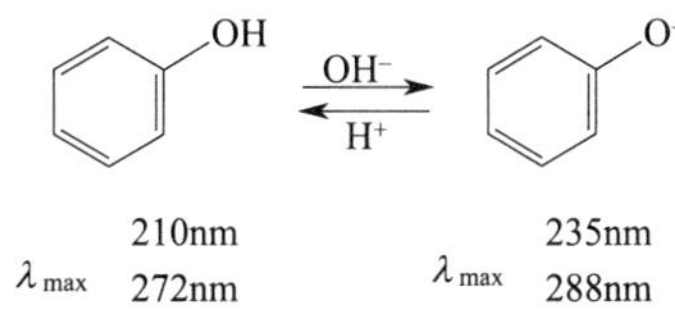

图 5-8 为苯酚在两种溶液中的吸收光谱。在紫外分析中，有时利用不同酸、碱条件下光谱变化的规律直接对有机化合物进行测定。

废水中含有多种有机杂质，干扰苯酚在紫外区的直接测定。如果将苯酚的中性溶液作为参比溶液，测定苯酚碱性溶液的吸收光谱，利用两种光谱的差值光谱，就有可能消除杂质的干扰，实现废水中苯酚含量的直接测定。这种利用两种溶液中吸收光谱的差异进行测定的方法，称为差值吸收光谱法。

三、仪器与药品

1. 仪器　紫外-可见分光光度计；容量瓶（50mL 10/只）；吸量管（10mL，5mL）。

2. 药品　苯酚标准溶液（0.004mol/L）；KOH 溶液（0.1mol/L）。

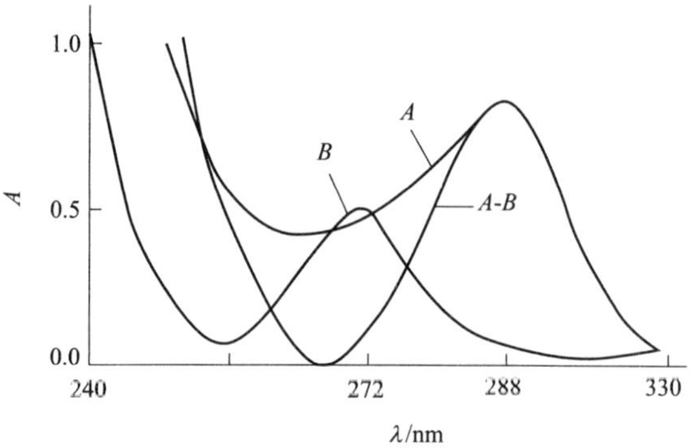

图 5-8　苯酚的紫外吸收光谱

曲线 A：在 0.1mol/L KOH 溶液中苯酚的吸收光谱

曲线 B：在中性溶液中苯酚的吸收光谱

曲线 A-B：苯酚的差值光谱

四、实验步骤

1. 配制苯酚的标准系列溶液

将 10 只 50mL 容量瓶分成两组，各自编号。按表 5-3 加入各种溶液，再用水稀释至刻度线，摇匀，作为苯酚的标准系列溶液。

表 5-3　配制溶液数据表

瓶号	第一组	第二组	
	苯酚/mL	苯酚/mL	KOH/mL
1	2.00	2.00	5.00
2	3.00	3.00	5.00
3	4.00	4.00	5.00
4	5.00	5.00	5.00
5	6.00	6.00	5.00

2. 绘制苯酚的吸收光谱

取上述第 3 号的一对溶液，用 1cm 吸收池，以水作参比溶液，分别绘制苯酚在中性溶液和碱性溶液中的吸收光谱（250～320nm）。然后用苯酚的中性溶液作参比溶液，绘制苯酚在碱性溶液中的差值光谱，将数据填入表 5-4，找差值光谱中的最大吸收波长。

3. 测定苯酚两种溶液的光谱差值

从上述绘制的差值光谱中，选择 288nm 附近最大吸收波长作为测定波长 λ_{max}，在紫外-可见分光光度计上固定测定波长为 λ_{max}，然后以中性溶液为参比，测定碱性溶液的吸光度，即苯酚溶液两种光谱的吸光度差值。以苯酚浓度为横坐标，以苯酚溶液两种光谱的吸光度差值为纵坐标，绘制标准曲线（表 5-5）。

4. 未知试样中苯酚含量的测定

将 4 只 50mL 容量瓶分成两组，每组 2 只。分别加入未知样 4mL。将其中 2 只用去离子水稀释，其余 2 只加入 5.0mL KOH 溶液，再用去离子水稀释至刻度线，分别摇匀。分成 2 对，用 1cm 吸收池测定光谱差值。

五、注意事项

1. 熟悉仪器使用及注意事项。

2. 利用差值光谱进行定量测定时，两种溶液中被测物的浓度必须相等。

六、数据记录与处理

1. 将表中测得的光谱差值，绘制成吸光度-浓度曲线，计算回归方程。

2. 利用所得曲线或回归方程，计算未知样品中苯酚的含量（用 mol/L 表示）。

3. 计算苯酚在碱性溶液（288nm 附近）中的表观摩尔吸收系数。

表 5-4 实验测定数据

波长 λ/nm	$A_{中性苯酚}$	$A_{碱性苯酚}$	$A_{碱性}-A_{中性}$
250			
255			
260			
265			
267			
269			
271			
273			
275			
280			
285			
287			
289			
291			
293			
295			
300			
305			
310			
315			
320			

表 5-5 实验测定数据

序号	1	2	3	4	5
苯酚体积/mL					
苯酚浓度/(mol/L)					
$A_{碱性}-A_{中性}$					

七、思考题

1. 绘制苯酚在中性溶液、碱性溶液中的光谱和差值光谱时，应如何选择参比溶液？

2. 在苯酚的差值光谱上有两个吸收峰，本实验采用 288nm 波长作为测定波长，是否可以用 235nm 波长作测定波长？为什么？

3. 试说明差值吸收光谱法与示差分光光度法有何不同。

实验六 不同溶剂中丙酮紫外光谱的测绘及氢键强度测定

一、实验目的

1. 了解溶剂极性对最大吸收波长位置的影响；

2. 掌握紫外光谱法测定氢键强度的原理和方法。

二、实验原理

溶剂极性影响了 n→π* 跃迁对应的吸收峰位置。溶剂极性增加，吸收峰蓝移。这是因为溶剂分子和溶质分子间形成了氢键。图 5-9 为羰基在极性和非极性溶剂中的跃迁情况。

因此可以利用 n→π* 在极性溶剂和非极性溶剂中跃迁能量差，测定氢键的强度。氢键强度 $\Delta E=\Delta E_2-\Delta E_1$

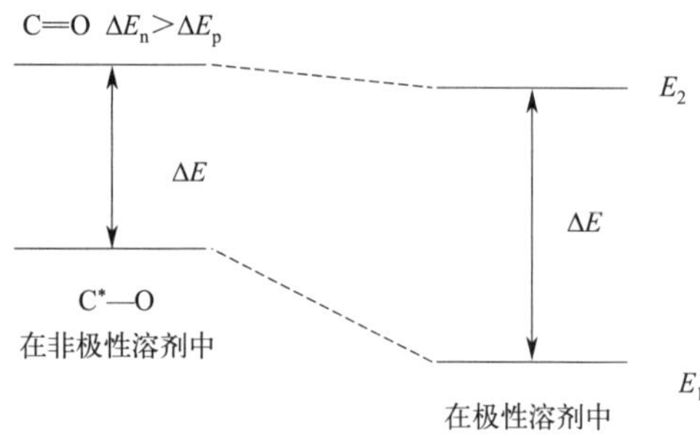

图 5-9　n→π* 跃迁的溶剂效应

三、仪器与药品

1. 仪器　紫外-可见分光光度计；容量瓶（50mL 3 个）。

2. 试剂　丙酮；乙醇；环己烷（均为分析纯）。

四、实验步骤

1. 试液的配制

取三个 50mL 容量瓶，洗净后分别用少量水、乙醇、环己烷洗涤三次，然后加入 0.20mL 丙酮于各容量瓶中，用相应的溶剂稀释至刻度线，摇匀备用。

2. 紫外光谱的测绘

将丙酮溶液和相应的溶剂分别装入两只 1cm 石英吸收池中，以相应的溶剂作参比，在 220～330nm 波长范围内测定各丙酮溶液的吸光度，每隔 5nm 测定一次（250～300nm 每隔 2nm 测定一次）。

五、数据记录与处理

1. 选择适当比例，以吸光度为纵坐标，波长为横坐标，绘制吸收光谱图，注明实验条件，找出谱带的最大吸收波长位置。说明各吸收峰是由何跃迁引起的。
2. 说明溶剂极性对最大吸收波长位置影响的变化规律。
3. 计算丙酮在水、乙醇中的氢键强度。

六、思考题

丙酮的跃迁类型有哪几类？在紫外区能观察到哪些？为什么？

第二部分　红外和拉曼光谱分析

实验一　苯甲酸红外吸收光谱的测绘

一、实验目的

1. 学习用红外吸收光谱进行化合物的定性分析；

2. 掌握用压片法制作固体试样晶片的方法；

3. 熟悉红外分光光度计的工作原理及其使用方法。

二、实验原理

在化合物分子中，具有相同化学键的原子基团，其基本振动频率吸收峰（基频峰）出现在同一频率区域内，但又有所不同，这是因为同一类型原子基团在不同化合物中所处的化学环境有所不同，使基频峰发生一定移动。因此，掌握各种原子基团基频峰及位移规律，就可应用红外吸收光谱来确定有机化合物分子中存在的官能团及其在分子结构中的相对位置。苯甲酸各原子基团基频峰的频率在红外区的吸收情况如下：

原子基团的基本振动形式	基频峰的频率/cm^{-1}
σ_{O-H}	3200～3400
$\sigma_{=C-H(苯环)}$	3040 左右
$\sigma_{C=O}$	1700 左右
$\sigma_{C=C(苯环)}$	1600，1500
σ_{C-O}	1000～1300
$\gamma_{C-H(苯环)}$	750 左右，700 左右

本实验将 KBr 晶体与苯甲酸研磨均匀后，压制成晶片，以空气作参比，测绘标样的红外吸收光谱。

三、仪器与药品

1. 仪器　傅里叶变换红外光谱仪（美国 Nicolet 公司）；压片装置；玛瑙研钵；红外干燥灯。

2. 药品　苯甲酸（分析纯）；溴化钾（优级纯）。

四、实验步骤

1. 开启仪器，调节仪器参数设置

测定波长范围：2.5～15μm。波数：4000～600cm^{-1}。扫描次数：5。分辨率：4cm^{-1}。室内温度：18～20℃。室内相对湿度<65%。

2. 苯甲酸样品的制备

取预先在 110℃下烘干 48h 以上并保存在干燥箱内的 KBr 100～200mg，置于洁净的玛瑙研钵中研碎，加入固体苯甲酸试样 0.5～3mg 研磨成均匀细小的颗粒后，加入压膜内，在压力机中加压，制成一定直径及厚度的透明片。要求所制晶片无裂痕，局部无发白现象。

3. 样品的红外光谱测定

小心取出试样薄片，装在样品架上，放入红外光谱仪的样品室中，在选择的程序下进行测定，通常先测定空白背景，再将样品置于光路中，测量样品的红外光谱图。扫描结束后，取出样品架，取下薄片，将压片模具、试样架等擦洗干净，置于干燥器中保存好。

4. 数据处理

对所测谱图进行基线校正及适当平滑处理，标出主要吸收峰的波数值，储存数据后，打

印谱图。

用仪器自带软件对谱图进行检索，判断各主要吸收峰的归属。

五、数据记录与处理

1. 记录实验条件。
2. 在苯甲酸光谱图上，标出各特征吸收峰的波数，并确定其归属。

六、注意事项

在红外光区，使用的光学部件和吸收池的材质不能受潮。操作时应注意如下几点。

1. 不要用手直接接触盐片表面。
2. 不要对着盐片呼吸。
3. 避免与吸潮液体或溶剂接触。

七、思考题

1. 红外吸收光谱分析，对固体试样的制片有何要求？
2. 如何进行红外吸收光谱定性分析？
3. 红外光谱实验室为什么要将温度和相对湿度维持在一定数值？
4. 为什么测试粉末固体样品的红外光谱时选用 KBr 制样？有何优缺点？
5. 用 FT-IR 仪测试样品的红外光谱时为什么要先测试背景？

实验二　聚乙烯和聚苯乙烯膜的红外吸收光谱的测绘

一、实验目的

1. 学习聚乙烯和聚苯乙烯膜的红外吸收光谱的测绘方法；
2. 学习对图谱的解释，掌握红外吸收光谱分析的基本原理；
3. 熟悉红外分光光度计的工作原理及其使用方法。

二、实验原理

不同化合物由不同的基团组成，因此有不同的振动方式和频率，得到的红外光谱也不同，可以通过它们的红外吸收光谱进行定性鉴别和结构分析。

乙烯聚合成聚乙烯的过程中，乙烯的双键被打开，聚合生成（$—CH_2—CH_2—)_n$ 长链，因而聚乙烯分子中基团是饱和的亚甲基（$—CH_2—CH_2—$），其基本振动形式和频率如下：

（1）亚甲基的反对称伸缩振动 $\sigma_{as}(CH_2)$ 2926cm^{-1}；亚甲基的对称伸缩振动 $\sigma_s(CH_2)$ 2853cm^{-1}；

（2）亚甲基的对称弯曲振动 $\delta_s(CH_2)$1465cm^{-1}；

（3）长亚甲基链的面内摇摆振动 $\delta[(CH_2)_n, n>4]$,2926cm^{-1}；

在聚乙烯的红外光谱上由于δ(C—H)1306cm^{-1} 和δ(C—H)1250cm^{-1} 为弱吸收峰，在红外吸收光谱上未出现，因此只能观察到四个吸收峰，如图 5-10 所示。

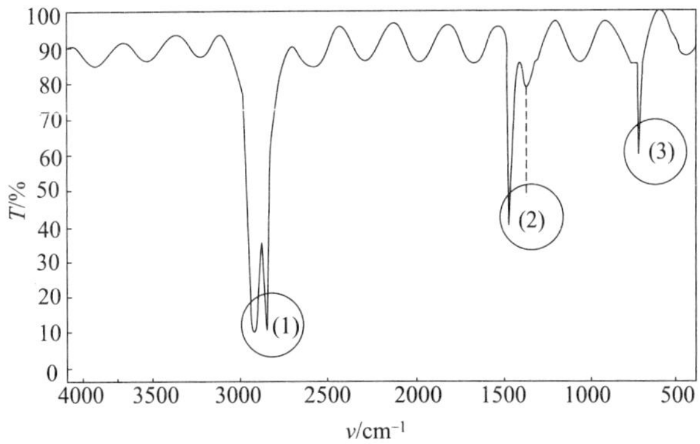

图 5-10 聚乙烯的红外吸收光谱

在聚苯乙烯的结构中，除了亚甲基（—CH_2—）和次甲基（—CH—）外，还有苯环上的不饱和基团（═CH—）和碳碳骨架（—C═C—），它们构成了聚苯乙烯分子中基团的基本振动形式。除了有聚乙烯中的三个基本振动之外还有以下几种：

（1）苯环上不饱和碳氢基团伸缩振动σ（═C—H）3000～3100cm^{-1}；

（2）亚甲基的伸缩振动σ(CH) 2955cm^{-1}；

（3）亚甲基的变形振动δ(CH) 1360cm^{-1}，1306cm^{-1}；

（4）苯环骨架振动σ(C═C) 1450～1600cm^{-1}；

（5）苯环上不饱和碳氢基团的面外弯曲振动δ(C—H) 1944cm^{-1}，1871cm^{-1}，1749～1800cm^{-1}；

（6）苯环上单取代倍频峰δ(=C—H)（苯环上 5 个氢）730～770cm^{-1}，690～710cm^{-1}。

图 5-11 为聚苯乙烯的红外吸收光谱。

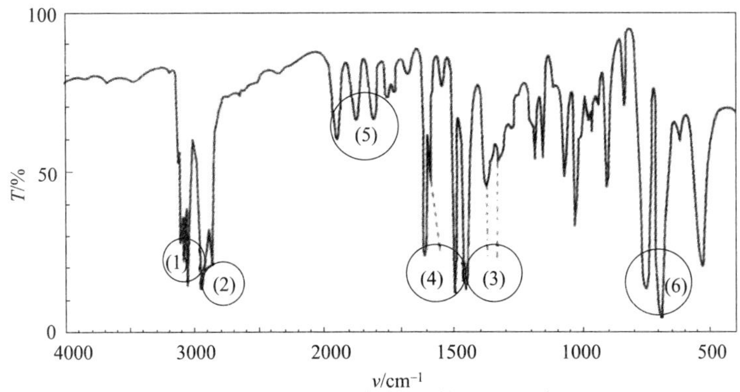

图 5-11 聚苯乙烯的红外吸收光谱

由图 5-11 和图 5-10 可见，聚苯乙烯的红外吸收光谱比聚乙烯的复杂得多。由于聚乙烯和聚苯乙烯是两种不同的有机化合物，因此，可通过红外吸收光谱加以区别，进行定性鉴定和结构剖析。

三、仪器与药品

1. 仪器 傅里叶变换红外光谱仪（美国 Nicolet 公司）。

2. 药品　聚乙烯薄膜；聚苯乙烯薄膜。

四、实验步骤

1. 开启仪器，调节仪器参数设置。测定波长范围：2.5～15μm。波数：4000～600cm^{-1}。扫描次数：5。分辨率：4cm^{-1}。室内温度：18～20℃。室内相对湿度<65%。

2. 试样卡片的制作。取厚度均为5μm的（30×50）mm^{2}的聚乙烯膜和聚苯乙烯膜各一张，另取（55×120）mm^{2}的硬纸板四张，将它们中间开成长30mm、宽15mm的长方形口，然后把薄膜分别粘夹在两张硬纸板长方形口上，即制成试样卡片。

3. 将聚乙烯和聚苯乙烯膜试样卡片置于试样窗口前。

4. 根据实验条件，将红外分光光度计按操作步骤进行调节，首先进行空白扫描，然后测绘聚乙烯的红外吸收光谱。

5. 在同样的实验条件下，测绘聚苯乙烯的红外吸收光谱。

五、数据记录与处理

1. 记录实验条件。

2. 从获得的红外吸收光谱图上，从高波数到低波数，标出各特征吸收峰的频率，并指出各特征吸收峰的归属（属于何种基团的什么形式的振动）。

六、思考题

1. 化合物的红外吸收光谱是怎么产生的?

2. 化合物的红外吸收光谱能提供哪些信息?

3. 如何进行红外吸收光谱的图谱解释?

4. 单靠红外吸收光谱，能否判断未知物是何种物质?为什么?

实验三　醛和酮的红外光谱测定

一、实验目的

1. 掌握压片法和液膜法等制样方法；

2. 利用所测红外光谱图进行结构分析；

3. 熟悉红外光谱仪的结构与操作。

二、实验原理

红外吸收光谱法：利用物质的分子对红外辐射的吸收，得到与分子结构相应的红外光谱图，从而鉴别分子结构的方法。

红外光谱与分子结构的关系如下。

基团频率与特征吸收峰：例如羰基总是在1870～1650cm^{-1}间出现强吸收，它们的频率不随分子结构变化而出现较大的变化。常见的化学基团在4000～600cm^{-1}范围内有特征吸收，一般将它们分成两个区域，官能团区 4000～1300cm^{-1} 和指纹区 1300cm^{-1} 以下，具体的位置可参考相关仪器分析教材。

影响基团频率位移的因素：内部因素和外部因素。

外部因素：样品的状态、测定温度及溶剂极性等。

内部因素：电子效应、氢键效应、振动偶合效应、费米共振效应、立体障碍、环的张力。

例如：诱导效应使羰基电子云密度增加，键力常数增大，振动频率升高。共轭效应使共轭体系中的电子云密度趋于平均化，导致双键略有伸长，单键略有缩短，结果使羰基双键频率向低频移动，单键频率略向高频移动。环张力增加，羰基双键频率变高。

本实验通过测定醛和酮的红外光谱了解官能团吸收峰和结构的关系。

三、仪器与药品

1. 仪器　傅里叶变换红外光谱仪（美国 Nicolet 公司）；压片机；红外灯干燥器；玛瑙研钵。

2. 药品　二苯甲酮；环己酮；苯甲醛；KBr。

四、实验参数

测定波长范围：2.5～15μm。波数：4000～600cm^{-1}。扫描次数：5。分辨率：4cm^{-1}。室内温度：18～20℃。室内相对湿度＜65％。

五、实验步骤

1. 开启仪器，调节仪器参数

测定波长范围：2.5～15μm。波数：4000～600cm^{-1}。扫描次数：5。分辨率：4cm^{-1}。室内温度：18～20℃。室内相对湿度＜65％。

2. 样品的制备

压片法：取预先在 110℃下烘干 48h 以上并保存在干燥箱内的 KBr 100～200mg，加 1～2mg 二苯甲酮，置于洁净的玛瑙研钵中研磨成均匀细小的颗粒后，加入压膜内，在压力机中加压，制成一定直径及厚度的透明片。要求所制晶片无裂痕，局部无发白现象。

液膜法：按上述方法压制纯 KBr 透明盐片，分别涂少量环己酮和苯甲醛试液。

3. 样品的红外光谱测定

小心取出试样薄片，装在样品架上，放入红外光谱仪的样品室中，在选择的程序下进行测定。通常先测定空白背景，再将样品置于光路中，测量样品的红外光谱图。扫描结束后，取出样品架，取下薄片，将压片模具、试样架等擦洗干净置于干燥器中保存好。

4. 数据处理

对所测谱图进行基线校正及适当平滑处理，标出主要吸收峰的波数值，储存数据后，打印谱图。

用仪器自带软件对谱图进行检索，并判断各主要吸收峰的归属。

六、数据记录与处理

1. 记录实验条件。
2. 确定各化合物羰基吸收频率，根据各化合物的光谱图写出它们的结构式。

七、思考题

1. 解释若用氯原子取代烷基，羰基频率会发生位移的原因。
2. 推测苯乙酮羰基伸缩的泛频。

实验四　未知样品的红外光谱定性分析

一、实验目的

1. 通过谱图解析及标准谱图的检索，了解由红外光谱鉴定未知物的一般过程；
2. 掌握用 KBr 压片法制备固体样品进行红外光谱测定的技术；
3. 进一步熟悉红外分光光度计的工作原理及其使用方法。

二、实验原理

红外吸收光谱是通过研究物质结构与红外吸收光谱间的关系来对物质进行分析的，红外光谱可以用吸收峰谱带的位置和峰的强度加以表征。测定未知物结构是红外光谱定性分析的一个重要用途。根据实验所测绘的红外光谱图的吸收峰位置、强度和形状，利用基团振动频率与分子结构的关系来确定吸收带的归属。确认分子中所含的基团和键，并推断分子结构。鉴定的步骤如下。

1. 对样品做初步的了解，如样品的纯度、外观、来源、元素分析结果，以及物理性质(分子量，沸点，熔点)。

2. 确定未知物的不饱和度，以推测化合物可能的结构。

3. 图谱解析。

(1) 首先在官能团区（4000～1300cm^{-1}）搜寻官能团的特征伸缩振动；

(2) 再根据“指纹区”（1300～400cm^{-1}）的吸收情况，进一步确认该基团的存在以及与其他基团的结合方式。

通常在得到样品的红外谱图后，可以在标准谱图库检索与对照，与此物质的标准谱图进行对照，若两张谱图各吸收峰位置和形状完全相同，峰的相对强度一样，就可认为样品是该已知物。

查标准谱图库时注意：被测物和标准谱图上聚集态、制样方法一致。

三、仪器与药品

1. 仪器　傅里叶变换红外光谱仪（美国 Nicolet 公司）；压片装置；玛瑙研钵；红外灯

干燥器；镊子。

2. 药品　KBr（分析纯）；固体 C_4HO_5；$C_6H_6O_2$；$C_8H_6O_4$。

四、实验步骤

1. 红外光谱仪的准备

（1）打开红外光谱仪开关，使仪器稳定 30min 以上；

（2）打开电脑和工作软件；

（3）设置实验参数。测定波长范围：2.5～15μm。波数：4000～600cm^{-1}。参比物：空气。扫描次数：5。分辨率：4cm^{-1}。室内温度：18～20℃。室内相对湿度＜65%。纵坐标为透过率（T）。

2. 固体样品的制备

（1）取 200mg 干燥的 KBr 粉末。在玛瑙研钵中混合均匀后研磨（颗粒在 2μm 左右），压制成透明薄片。

（2）取 1～2mg 的未知样品粉末与 200mg 干燥的 KBr 粉末，在玛瑙研钵中混匀后研磨（颗粒在 2μm 左右），制成透明的薄片。

3. 样品的红外光谱测定

（1）把上述压好的薄片小心取出，装在样品架上，放入红外光谱仪的样品室中，在选择的仪器程序下进行测定，通常先测定 KBr 的空白背景，再将样品置于光路中，测量样品的红外光谱图。

（2）扫描结束后，取出样品架，取下薄片，将压片机模具、样品架等擦洗干净置于干燥器中保存好。

4. 数据处理

（1）对所测谱图进行基线校正及适当平滑处理，标出主要吸收峰的波数值。储存数据后，打印谱图。

（2）用仪器自带软件对谱图进行检索，并判断各主要吸收峰的归属，得出化合物的结构，并与已知结构进行对比。

五、数据记录与处理

1. 记录实验参数。
2. 对所得谱图进行解析，并和标准谱图进行对照，得出化合物的结构。

六、思考题

1. 不饱和烃、羰基化合物和芳香烃的主要特征是什么？它们的系列峰分别是什么？
2. 如果样品量很少（例如只有几微克），应该如何测定？
3. 红外光谱有哪些最新进展？

实验五　复杂体系中分子间相互作用的红外光谱研究

一、实验目的

1. 通过红外光谱吸收峰的信息，分析煤中官能团的情况；
2. 通过特征吸收峰的移动，研究复杂体系中分子间的作用力；
3. 了解复杂体系中分子间作用力的研究方法。

二、实验原理

煤是一种复杂的天然产物。煤的结构研究一直是煤科学领域的热点和重要的基础研究内容。煤结构包含两方面的内容：①煤的化学结构即煤的分子结构；②煤的物理结构即分子间堆垛结构与孔隙结构。对煤结构的研究包括揭示煤中有机物分子间和分子内的非共价键作用力和有机物各组分的分子结构。非共价键作用力涉及氢键、π-π 相互作用及范德华力等。

在煤化学结构的研究中，红外光谱法是行之有效的手段之一。有机物的红外光谱可以反映其化学结构特点，不同的特征振动频率（吸收峰）反映不同基团的存在。煤的红外光谱并不复杂，但难以从理论上进行定量分析，一般是根据官能团的特征频率来讨论吸收峰的归属。长期的研究表明，煤中的主要基团有：芳香氢（Ar—H）、脂肪烃（R—H）、孤立的和氢键化的—OH 与—NH_2、羰基（C ═O）、酚（Ar—OH）、醚键（R_1—O—R_2）及芳环等，未发现有独立的 C ═C 和 C≡C 等不饱和键。煤的红外光谱不仅可以反映官能团的类型而且可以用于判断分子间的作用力。

本实验将用红外光谱分析煤结构特征以及分子间的作用力。

三、仪器与药品

1. 仪器　傅里叶变换红外光谱仪（美国 Nicolet 公司）；压片装置；玛瑙研钵；红外灯干燥器；镊子。

2. 药品　KBr（分析纯）；不同地区的煤样。

四、实验步骤

1. 制定实验方案

查阅文献，了解分子间相互作用研究的现状、方法、思路，制定实验方案。

2. 红外光谱仪的准备

（1）打开红外光谱仪开关，使仪器稳定 30min 以上；

（2）打开电脑和工作软件；

（3）设置实验参数。测定波长范围：2.5～15μm。波数：4000～600cm^{-1}。参比物：空气。累加扫描次数：16。分辨率：4cm^{-1}。室内温度：18～20℃。室内相对湿度＜65％。纵坐标为透过率（T）。

3. 固体样品的制备

（1）分析前煤样在 80℃下烘干 4h。

（2）取 200mg 干燥的 KBr 粉末置于玛瑙研钵中，加入少许煤样（样品与溴化钾的质量比约为 1∶160）充分研磨（颗粒在 2μm 左右）。

（3）将装好样品粉末的模具置于压片机上抽真空，加压，把样品压制成 0.1～1.0mm 厚的透明薄片。

4. 样品的红外光谱测定

（1）用样品架固定薄片置于红外光谱仪的样品室，在选择的仪器程序下进行测试。通常先测定空白背景，再测量样品的红外光谱图。

（2）扫描结束后，取出样品架，取下薄片，将压片机模具、样品架等擦洗干净置于干燥器中保存好。

五、数据记录与处理

1. 记录实验参数。

2. 对所测谱图进行基线校正及适当平滑处理，标出主要吸收峰的波数值。储存数据后，打印谱图。

3. 用仪器自带软件对谱图进行检索，并判断各主要吸收峰的归属，根据红外和有机化学理论知识分析特征峰的移动原因，确定分子间作用力的情况，并总结规律。

六、思考题

1. 煤样红外谱图的一个共同特征是基线倾斜，为什么？

2. 如何根据红外吸收峰的情况判断分子间作用力的情况？

3. 煤的结构分析还可以通过什么分析手段进行？

实验六　固体表面衰减全反射光谱的测定

一、实验目的

1. 掌握衰减全反射附件的测定方法；

2. 了解衰减全反射附件的工作原理。

二、实验原理

衰减全反射（ATR）附件的工作原理是将来自红外光源的光聚焦反射到金刚石（KRS-5 或者 Ge、ZnSe 等）晶体上，再入射到样品的表面，由于样品的折射率小于晶体的折射率，入射角比临界角大，光线完全被反射，产生全反射现象。事实上，光线并不是在样品表面被直接反射回来，而是入射进入样品一定的深度（一般为几微米）后再返回表面，所以收集衰减全反射光就可以获得样品的衰减全反射光谱。

三、仪器与药品

1. 仪器　傅里叶变换红外光谱仪（美国 Nicolet 公司）；衰减全反射附件。
2. 药品　蔗糖溶液；蒸馏水。

四、实验步骤

1. 把衰减全反射附件装在光谱仪的主架上，测定本底谱图。
2. 将蒸馏水加到衰减全反射附件的金刚石窗口上，并将其全部覆盖，测定 ATR 谱图。
3. 把附件测试样品的窗口清洗干净后，用蔗糖溶液将窗口覆盖，测定 ATR 谱图。

五、数据记录与处理

分别将所获得的水和蔗糖溶液的谱图进行 ATR 校正和谱图处理，找出峰的归属，解析谱图，并打印结果。

六、注意事项

1. 加样时须小心，不要在液体中夹带气泡。
2. 清洗样品窗口时，注意不要划伤晶体，用浸透溶剂的脱脂棉轻轻擦洗即可。

七、思考题

1. 衰减全反射附件有什么特点？
2. 全反射时，红外线并不穿越晶体表面进入待测样品，那么红外线是如何与待测样品发生作用的？
3. 为什么可以用衰减全反射附件检测含水样品？

实验七　阿司匹林的拉曼光谱测定

一、实验目的

1. 了解激光拉曼的基本原理和基本知识以及用激光拉曼的方法鉴别物质成分和分子结构的原理；
2. 掌握激光拉曼/荧光光谱仪的系统结构和操作方法；
3. 研究阿司匹林典型的振动-转动光谱谱线特征。

二、实验原理

当用波长比试样粒径小得多的单色光照射气体、液体或透明试样时，大部分的光会按原来的方向透射，而小部分光则按不同的角度散射，产生散射光。在垂直方向观察时，除了与原入射光有相同频率的瑞利散射外，还有一系列对称分布着若干条很弱的与入射光频率发生位移的拉曼谱线，这种现象称为拉曼效应。由于拉曼谱线的数目、位移的大小、谱线的长度直接与试样分子振动或转动能级有关。因此，与红外吸收光谱类似，研究拉曼光谱，也可以得到有关分子振动或转动的信息。目前拉曼光谱分析技术已广泛应用于物质的鉴定以及分子结构的研究。

1. 激光拉曼光谱的原理

（1）光的散射

入射光通过样品后，除了被吸收的光之外，大部分沿入射方向穿过样品，一小部分则改变方向，发生散射。一部分散射光的波长与入射光波长相同，这种散射称为瑞利散射。

（2）拉曼散射的产生

机械力学的解释：光由光子组成，这是光的微粒性。光子与样品分子间的相互作用，可以用光子与样品分子之间的碰撞来解释。

光照射样品时，光子和样品分子之间发生碰撞。如果碰撞时只是运动方向改变而未发生能量交换即发生了弹性碰撞，则光子的能量不变。由 $E=h\nu$ 可知，能量不变频率也就不变，这就是瑞利散射产生的原因。如果光子和样品分子之间发生非弹性碰撞，即光子除运动方向改变外还有能量的改变，一部分能量碰撞时在光子和样品之间发生交换，光子的能量有所增减，则光的频率发生改变。

样品分子处于电子能级和振动能级的基态，入射光子的能量远大于振动能级跃迁所需要的能量，但又不足以将分子激发到电子能级激发态。这样，样品分子吸收光子后到达一种准激发状态，又称为虚能态。样品分子在准激发态时是不稳定的，它将回到电子能级的基态。若分子回到电子能级基态中的振动能级基态，则光子的能量未发生改变，发生瑞利散射。如果样品分子回到电子能级基态中的较高振动能级即某些振动激发态，则散射的光子能量小于入射光子的能量，其波长大于入射光波长。这时散射光谱的瑞利散射谱线较低频率侧将出现一根拉曼散射光的谱线，称为斯托克斯（Stokes）线。如果样品分子在与入射光子作用前的瞬间不是处于电子能级基态的最低振动能级，而是处于电子能级基态的振动能级基态，这样散射光能量大于入射光子能量，其谱线位于瑞利谱线的高频侧，称为反斯托克斯（anti-Stokes）线。Stokes 线和 anti-Stokes 线位于瑞利谱线两侧，间距相等。

Stokes 线和 anti-Stokes 线统称为拉曼谱线。由于振动能级间距还是比较大的，因此，根据玻尔兹曼定律，在室温下，分子绝大多数处于振动能级基态，所以 Stokes 线的强度远远强于 anti-Stokes 线。拉曼光谱仪一般记录的都只是 Stokes 线。

2. 拉曼光谱的特点

①拉曼散射信号弱；②激光激发强；③拉曼信号频率离激光频率很近；④激光瑞利散射比拉曼信号强 $10^{10}\sim10^{14}$，对拉曼信号干扰很大；⑤拉曼光谱仪的设计，必须能排除瑞利散射光，并具有高灵敏度，才能有效地收集拉曼谱。

三、仪器与药品

1. 仪器　法国 Horiba 公司的 Lab RAM HR Evolution Raman spectrometer。
2. 药品　阿司匹林。

四、实验步骤

1. 按照顺序打开高温拉曼光谱系统，CCD降温，打开激光器，预热10min。
2. 打开电脑，打开Labspec 6软件，重置自动平台。
3. 仪器的校准：通过高纯硅片的强拉曼信号峰（520.7），进行校准。
4. 药品的检测：放置药品，聚焦位置，设定参数，点击按钮，保存结果。
5. 仪器的关机：CCD升温，关闭软件，关闭电脑，按照开机顺序的反顺序关机，关闭电源。

五、数据记录与处理

1. 记录实验条件。
2. 对谱图上的拉曼散射峰进行归属分析。

六、注意事项

1. 保证使用环境稳定。
2. 光学零件表面有灰尘时，不允许接触擦拭，可用吹气球小心吹掉。
3. 每次测试结束，首先取出样品，关断电源。
4. 激光对人眼有害，请不要直视。

七、思考题

1. 石蜡、红宝石、葡萄酒、血液等物质可以做拉曼检测吗？处理后可做吗？
2. 比较拉曼光谱与红外光谱仪器。
3. 拉曼光谱采用的是单波长的激光，但谱图上为什么是连续波长呢？
4. 为什么荧光会影响拉曼光谱？

实验八　石墨烯的拉曼光谱测定

一、实验目的

1. 了解石墨烯的基本结构以及拉曼光谱检测石墨烯的基本原理；
2. 测定石墨烯的拉曼光谱，并进行谱图分析。

二、实验原理

拉曼光谱是一种基于单色光的非弹性散射光谱，对与入射光频率不同的散射光进行分析可以得到分子振动、转动等方面的信息，可以用来分析分子或材料的结构。对于石墨烯来说，拉曼光谱是一种用于检测分析石墨烯层数、缺陷程度、掺杂情况等方面信息的十分方便快捷的检测方法。对于完美的石墨烯结构，其主要的拉曼特征峰为1580cm^{-1}左右的G峰和2700cm^{-1}左右的2D峰。其中G峰是碳sp^2结构的特征峰，来源于sp^2原子的伸缩振动，可以反映其对称性和结晶程度；2D 峰源于两个双声子的非弹性散射。而对于不完美的石墨烯，则还会在 $1350cm^{-1}$ 附近出现一个 D 峰，它对应于环中 sp^2 原子的呼吸振动。D 峰对应的振动一般是禁阻的，但晶格中的无序性会破坏其对称性而使该振动被允许，因而 D 峰也被称为石墨烯的缺陷峰。

随着石墨烯层数的变化，G 峰和 2D 峰的位置、宽度、强度等会相应发生变化，因而可以用来反映石墨烯的层数。一般对于单层的石墨烯，2D 峰为单峰，且峰形比较窄，强度约是 G 峰的 4 倍。层数的增多会导致 2D 峰的峰形变宽，强度变小。对于双层的石墨烯，2D 峰可以进一步分为 4 个峰。层数增加到一定程度，石墨烯演变为体相的石墨。其 2D 峰的位置较石墨烯存在很大的差别，相比于石墨烯向右偏移，同时存在峰的叠加现象。

三、仪器与药品

1. 仪器　法国 Horiba 公司的 Lab RAM HR Evolution Raman spectrometer。
2. 药品　石墨烯样品。

四、实验步骤

制样：利用双面胶将石墨烯固体粉末固定于载玻片上，按压紧实，确保样品表面没有浮尘。

其他实验步骤同上个实验。

五、数据记录与处理

对所得谱图上的特征峰进行指认，根据 D 峰、G 峰和 2D 峰的峰形、峰强度对石墨烯样品的形貌进行分析。

六、思考题

试述石墨烯的其他表征方法。

第三部分　荧光和磷光光谱

实验一　荧光分析法测定乙酰水杨酸和水杨酸

一、实验目的

1. 掌握用荧光法测定药物中乙酰水杨酸和水杨酸；
2. 掌握荧光分光光度计的操作方法。

二、实验原理

室温下，多数分子处在基态的最低振动能级，而基态分子中偶数电子成对地存在于各个分子轨道中，根据泡利（Pauli）不相容原理，分子中同一轨道所占据的两个电子必须具有相反的自旋方向，所以电子净自旋等于零，即 $s=0$，分子的多重态 $M=2s+1=1$（M 为磁量子数），这种电子称单重态，用 S_0 表示。分子吸收能量后，若电子在跃迁过程中不发生自旋方向的变化，这时分子处于激发的单重态。第一、第二激发单重态分别以 S_1、S_2 表示。如果电子在跃迁过程中还伴随自旋方向的改变，这时分子便具有两个自旋不配对的电子，即 $s=1$，分子的多重态 $M=3$，处于激发的三重态，以 T_1、T_2 表示。按照洪特规则，处于分立轨道上的非成对电子，平行自旋要比成对自旋更稳定，所以三重态能级总是比相应的单重态能级稍低（图 5-12）。处于激发态的分子，可以通过无辐射的方式去活，将多余的能量转移给其他分子或经激发态分子内部的振动或转动能级的内部转换后，回到第一激发单重态的最低振动能级，然后再以发射辐射的方式去活，跃迁回基态各振动能级，发射出荧光。当激发单重态和三重态之间发生振动耦合，则可以无辐射方式去活，回至最低三重态，然后以发射辐射的方式去活，跃迁回至基态时，便发射出磷光。

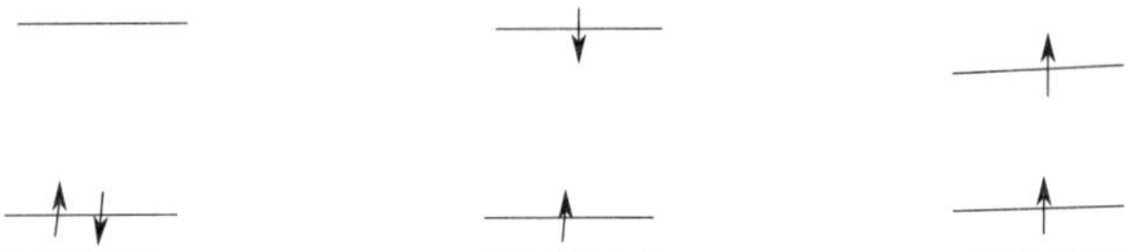

基态单重态　　激发单重态　　激发三重态

(a) 基态单重态　　(b) 激发单重态　　(c) 激发三重态

图 5-12　电子激发的状态

分子结构影响物质发射荧光和荧光强度。例如：具有芳环或具有多个共轭双键的有机化合物容易产生荧光，稠环化合物也会产生荧光。π 电子共轭程度越大，荧光强度就越强。饱和的或只有一个双键的化合物，没有明显的荧光。

取代基对分子发射荧光的影响非常显著，当苯环上取代基为给电子基团时，π 电子共轭程度增加，使荧光强度增强，如—CH_3、—NH_2、—OH、—OR 等；当苯环上取代基为吸电子基团时，荧光强度减弱甚至熄灭，如—COOH、—CHO、—NO_2、—N═N—。

共平面性高和刚性结构的分子，可使分子与溶剂或其他溶质分子的相互作用减小，因而有利于荧光的发射。

对同一物质而言，在稀溶液中，荧光强度与该物质的浓度有以下关系：

$$I_f=2.303\phi\varepsilon bcI_0 \tag{5-5}$$

式中，ϕ 为荧光量子效率；ε 为荧光分子的摩尔吸光系数；b 为液槽厚度；c 为荧光物质的浓度。当入射光强度 I_0 一定时，$I_f=Kc$，K 为常数。这是荧光法定量分析的基础。

荧光法具有灵敏度高、取样少、快速等特点，现已成为医药、农药、环境保护和化工等领域的重要分析方法之一。由于许多物质本身不会发出荧光，故在使用范围上受到一定的限制。

乙酰水杨酸（阿司匹林 ASA）水解生成水杨酸（SA），而在阿司匹林中，或多或少存在一些水杨酸。用氯仿作为溶剂，用荧光法可以分别测定它们。加少许醋酸可以增加二者的荧光强度。

在 1%醋酸-氯仿中，乙酰水杨酸和水杨酸的激发光谱和荧光光谱见图 5-13。

为了消除药片之间的差异，可取几片药片一起研磨，然后取部分有代表性的样品进行分析。

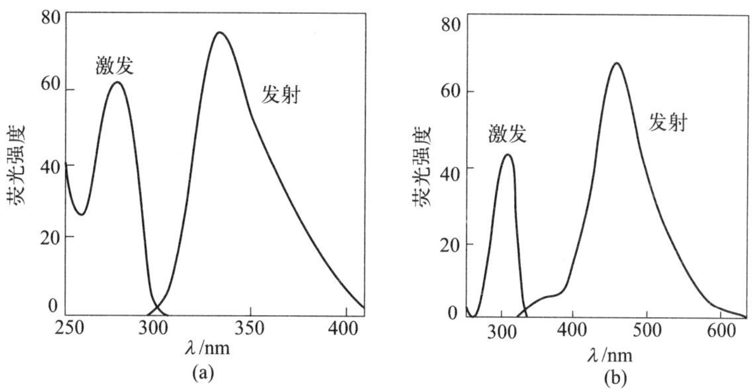

图 5-13　在 1%醋酸-氯仿中，乙酰水杨酸和水杨酸的激发光谱和荧光光谱

三、仪器与药品

1. 仪器　荧光分光光度仪；石英比色皿；容量瓶（1000mL 2 只，100mL 8 只，50mL 10 只）；吸量管（10mL 2 支）。

2. 药品　醋酸；氯仿。

乙酰水杨酸储备液：称取 0.4000g 乙酰水杨酸溶于 1%醋酸-氯仿溶液中，用 1%醋酸-氯仿溶液定容于 1000mL 容量瓶中。

水杨酸储备液：称取 0.750g 水杨酸溶于 1%醋酸-氯仿溶液中，并将其定容于 1000mL 容量瓶中。

四、实验步骤

1. 绘制 ASA 和 SA 的激发光谱和荧光光谱

将乙酰水杨酸和水杨酸储备液分别稀释 100 倍（每次稀释 10 倍，分两次完成）。用上述溶液，分别绘制 ASA 和 SA 的激发光谱和荧光光谱曲线，扫描荧光激发光谱和发射光谱。

水杨酸：先固定发射波长为 450nm，在 200～500nm 进行激发波长扫描；再固定激发波长 300nm，在 250～500nm 进行发射波长扫描。

乙酰水杨酸：先固定发射波长为 325nm，在 200～500nm 进行激发波长扫描；再固定激发波长 252nm，在 250～500nm 进行发射波长扫描。找到它们的最大激发波长和最大发射波长。

2. 制作标准曲线

（1）乙酰水杨酸标准曲线

在 5 只 50mL 容量瓶中，用吸量管分别加入 2mL、4mL、6mL、8mL、10mL 4.00μg/mL ASA 溶液，用 1%醋酸-氯仿溶液稀释至刻度线，摇匀，分别测量它们的荧光强度。

（2）水杨酸标准曲线

在 5 只 50mL 容量瓶中，用吸量管分别加入 2mL、4mL、6mL、8mL、10mL 7.50μg/mL SA 溶液，用 1%醋酸-氯仿溶液稀释至刻度线，摇匀，分别测量它们的荧光强度。

3. 阿司匹林药片中乙酰水杨酸和水杨酸的测定

将 5 片阿司匹林药片称量后磨成粉末，称取 400.0mg，用 1%醋酸-氯仿溶液溶解，全部转移至100mL容量瓶中，用1%醋酸-氯仿溶液稀释至刻度线。迅速通过定量滤纸干过滤，用该滤液在与标准溶液同样条件下测量SA荧光强度。

将上述滤液稀释1000倍（分三次稀释完成），在与标准溶液同样条件下测量ASA荧光强度。

五、数据记录与处理

1. 从绘制的ASA和SA激发光谱和荧光光谱曲线上，确定它们的最大激发波长和最大发射波长。

2. 分别绘制ASA和SA标准曲线，并从标准曲线上确定试样溶液中ASA和SA的浓度，并计算每片阿司匹林药片中ASA和SA的含量（mg），并将ASA测定值与说明书上的值比较。

六、注意事项

阿司匹林药片溶解后，1h内要完成测定，否则ASA的含量将降低。

七、思考题

1. 标准曲线是直线吗？若不是，从何处开始弯曲？并加以解释。
2. 从ASA和SA的激发光谱和发射光谱曲线，解释这种分析方法可行的原因。
3. 酸度对荧光强度影响较大，说明酸度是如何影响荧光强度的。

实验二　荧光分析法测定维生素B_2的含量

一、实验目的

1. 掌握荧光分光光度法分析的原理；
2. 了解荧光分光光度计的构造，掌握其使用方法；
3. 学习测绘维生素B_2的激发光谱和发射光谱，以及用荧光光度法测定维生素B_2的含量。

二、实验原理

含有荧光基团的化学物质，其分子吸收了辐射能成为激发态分子，再从激发态返回基态时发射的波长比吸收的入射光波长更长，分子荧光是发光方式较常见的光致发光。在一定频率和一定强度的激发光照射下，当溶液的浓度很小时，稀溶液体系将符合朗伯-比尔定律，该溶液所产生的荧光强度与溶液中这种荧光物质的浓度呈线性关系，可用公式表示为：

$$I_f = 2.303\phi I_0 \varepsilon bc \tag{5-6}$$

当入射光强度I_0一定时，$I_f = Kc$。

以上两式中ϕ为荧光量子效率；ε为荧光分子的摩尔吸光系数；b为液槽厚度；c为荧光物质的浓度。

分子荧光标准曲线法是取一定已知量的标准物质与待分析试样溶液，经过相同的处理后，配制成一系列的标准溶液，测定其荧光强度，并以荧光强度为纵坐标，以标准溶液浓度为横坐标，绘制标准曲线，再由所测得的试样溶液的荧光强度对工作曲线作图，从而求出试样溶液中被分析检测物质的实际浓度含量。此法适用于痕量分析，并且标准溶液和试样溶液的荧光强度必须是在荧光仪已扣除空白溶液的荧光强度的读数。

维生素 B_2，又称核黄素，分子式 $C_{17}H_{20}N_4O_6$，是橘黄色无臭的针状结晶，其结构式如图 5-14 所示。

它是人体必需的 13 种维生素之一。作为维生素 B 族的成员之一，微溶于水，可溶于氯化钠溶液，易溶于稀的氢氧化钠溶液。

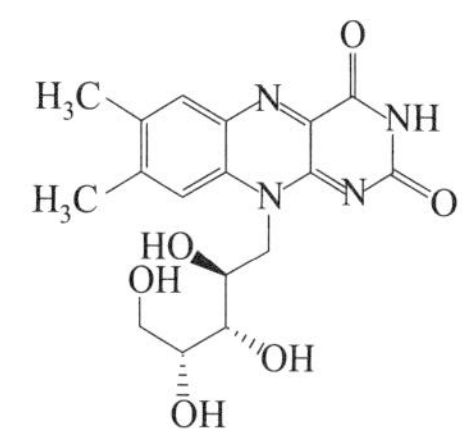

图 5-14　维生素 B_2 结构式

维生素 B_2 分子中有三个芳香环，具有平面刚性结构，因此它能够发射荧光。在 430～440nm 蓝光的照射下，维生素 B_2 溶液发出绿色荧光，荧光峰在 535nm 附近，维生素 B_2 在 pH 6～7 的溶液中荧光强度最大，而且其荧光强度与维生素 B_2 溶液浓度呈线性关系，因此可用荧光光谱法测定维生素 B_2 的含量。维生素 B_2 在碱性溶液中经光照会发生分解而转化为另一种物质光黄素，光黄素也是一个能发出荧光的物质，其荧光比维生素 B_2 的荧光强得多，故测定维生素 B_2 的荧光时，溶液要控制在酸性范围内，且在避光条件下进行。

三、仪器与药品

1. 仪器　荧光分光光度计；1cm 石英皿；容量瓶（50mL，1000mL）；5mL 移液杯；胶头滴管。

2. 药品　维生素 B_2 片剂。

维生素 B_2 标准溶液（10.0μg/mL）：称取 10.0mg 核黄素于小烧杯中，加入少量 1%醋酸水溶液溶解后，转移至 1000mL 容量瓶中，用 1%醋酸水溶液定容，溶液应贮存于棕色试剂瓶中，置于冰箱中冷藏保存。

四、实验步骤

1. 系列标准溶液的制备

取维生素 B_2 标准溶液（10.0μg/mL）1.00mL、2.00mL、3.00mL、4.00mL、5.00mL 分别置于 50mL 的容量瓶中，用 1%醋酸水溶液稀释至刻度线，摇匀。配制成一系列维生素 B_2 标准溶液。

2. 待测液制备

取 2 片维生素 B_2 片剂于小烧杯中，加入少量 1%醋酸水溶液，用平头玻璃棒轻轻压碎，搅拌使其溶解，转移至 1000mL 容量瓶中，用 1%醋酸水溶液稀释至刻度线，摇匀。

3. 维生素 B_2 激发光谱和荧光发射光谱的绘制

移取 4.00mL 维生素 B_2 标准溶液于 50mL 容量瓶中，用 1%醋酸水溶液稀释至刻度线，摇匀。选择适当的仪器测量条件，将溶液倒入石英皿中，放在仪器池架上，关好样品室盖，

设置 λ_{em} = 520nm 为发射波长，在 250～500nm 范围内扫描标准溶液，记录荧光发射强度和激发波长的关系曲线，便得到激发光谱，确定最大激发波长为 λ_{ex} = 465nm。在最大激发波长处，在 400～600nm 范围内扫描，记录发射强度与发射波长的函数关系，得到荧光发射光谱，确定最大发射波长为 520nm。

4. 标准溶液及样品的荧光测定

将激发波长固定在最大激发波长 λ_{ex}，荧光发射波长固定在最大荧光发射波长 λ_{em}。扫描 1%醋酸水溶液和上述 5 个标准溶液的荧光发射强度，记录数据。以溶液的荧光发射强度为纵坐标，标准溶液浓度为横坐标，制作标准曲线。

在同样条件下测定未知溶液的荧光强度（平行 2～3 份），并由标准曲线确定未知试样中维生素 B_2 的浓度，计算待测样品溶液中维生素 B_2 的含量。

五、数据记录与处理

1. 测绘维生素 B_2 的激发光谱和荧光光谱图，确定它的最大激发波长和最大发射波长。

2. 用坐标纸或绘图软件绘制维生素 B_2 的标准曲线，并从标准曲线上确定样品溶液中维生素 B_2 的浓度，最后计算出维生素 B_2 片剂中维生素 B_2 的含量（mg/片），并将测定值与药品说明书上的标示量作比较。

六、思考题

1. 结合荧光产生的机理，说明为什么荧光物质的最大发射波长总是大于最大激发波长。
2. 为什么测量荧光方向必须和激发光的方向成直角？
3. 维生素 B_2 在 pH=6～7 荧光最强，本实验为何在酸性溶液中测定？
4. 如何设计实验证明发射光谱的形状与激发波长无关？

实验三　在线氧化衍生-荧光分析法测定叶酸含量

一、实验目的

1. 掌握荧光分光光度法分析的原理；
2. 学习荧光分光光度计的构造，掌握其使用方法；
3. 查阅文献，了解流动化学、在线分析和微反应器；
4. 学习衍生化原理、方法及其在仪器分析中的应用；
5. 掌握在线氧化衍生-荧光光度法测定叶酸含量方法原理，并应用荧光光度法测定激发光谱和发射光谱，通过外标法测定样品叶酸含量。

二、实验原理

叶酸是一种水溶性维生素，也称作蝶酰谷氨酸，是由蝶呤、对氨基苯甲酸和一个或多个谷氨酸组成，结构如图 5-15 所示。

叶酸由于分子内荧光“自猝灭”，本身无荧光活性，在氧化反应过程中叶酸分子6-甲基蝶呤与对氨基苯甲酸片段之间的—C—N—键断裂，阻断分子内光诱导电子转移，同时生成的6-甲酰基蝶呤衍生物（6-FOP）平面共轭程度进一步提高，显示出强荧光发射，如图5-16所示。

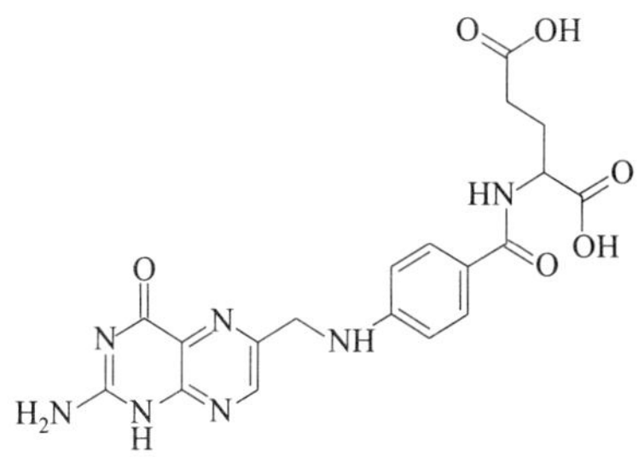

图5-15　叶酸结构式

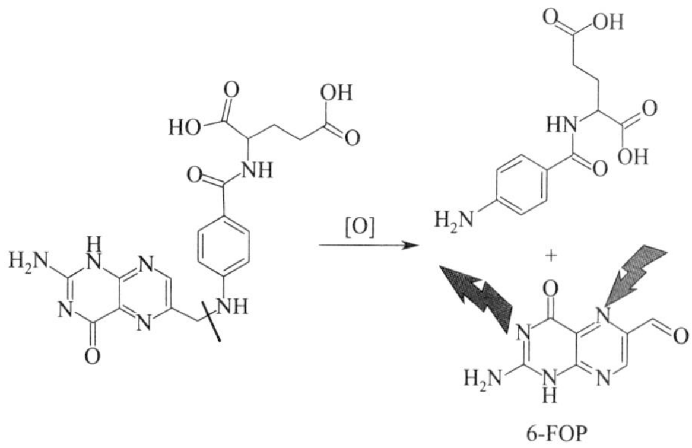

图5-16　叶酸氧化衍生

叶酸经氧化衍生，在280nm紫外光激发、pH为4.2的NaOH-HAc介质环境中，在442nm处存在最强发射，其荧光强度与叶酸溶液浓度呈线性关系，因此，可以使用荧光光度法测定叶酸浓度。

在线分析将传统仪器分析中离散的样品预处理、样品进样、样品检测等诸多步骤进行有机整合，实现了样品在线流动反应分析检测，避免了传统仪器分析多环节操作，实现进样到结果直达，减少了试剂消耗，降低了工作量，大幅提高了分析工作效率。基于微反应器在线分析（如微流控芯片）是现代在线分析的重要方向，相比宏量本体反应扩散速度快，分析响应迅速，过程控制简单，获得了广泛关注。

在线紫外光活化过硫酸钾氧化衍生系统如图5-17所示，过硫酸钾和叶酸混合物在高透螺旋石英微管内流动过程中受紫外光持续照射，过硫酸钾持续活化，实现无接触、免试剂、可控叶酸氧化衍生，定量生成荧光活性物质6-甲酰基蝶呤衍生物（6-FOP），从而实现在线氧化衍生-荧光光度法测定叶酸含量。

三、仪器与药品

1. 仪器　荧光分光光度计（含采集软件）；注射泵；分析天平；pH计；超声波清洗剂；主波长254nm柱状紫外灯；容积100μL、光程1cm荧光流动比色皿；1.0mm×2.0mm小孔径螺旋石英微管；1.0mm×2.0mm聚四氟乙烯FEP管；1.6mm×3.2mm硅胶管；1.5mmY形三通接头；10mL注射器；100mL棕色容量瓶；50mL棕色容量瓶；胶头滴管。

2. 药品—叶酸片剂。

50mg/L叶酸储备液：准确称取50.0mg叶酸溶于0.5%稀氨水溶液中，用去离子水溶解定容至100mL棕色容量瓶，继续稀释10倍得到50mg/L叶酸储备液。

5mmol/L过硫酸钾使用液将2.7g过硫酸钾溶解，稀释到100mL，继续稀释20倍得到5mmol/L过硫酸钾使用液。

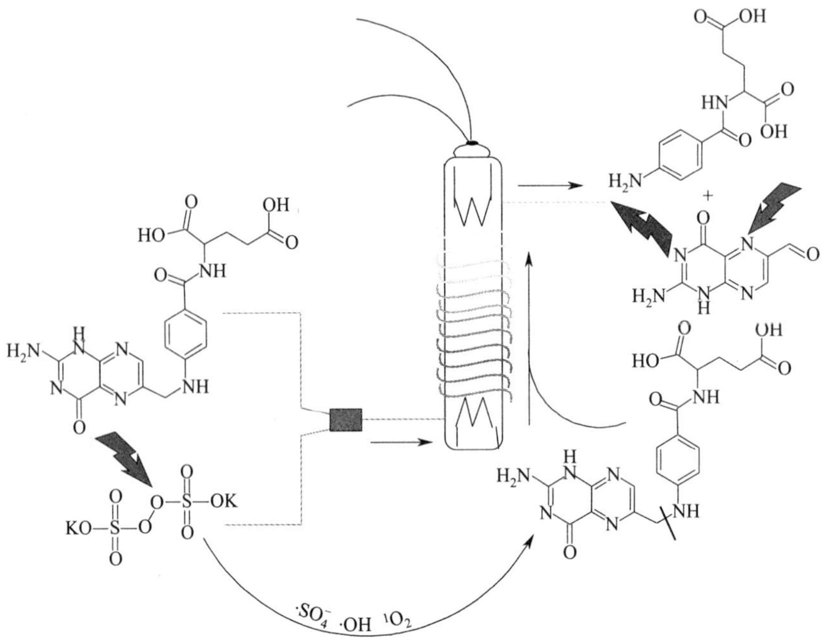

图 5-17　叶酸在线紫外光活化过硫酸钾氧化衍生

四、实验步骤

1. 叶酸标准溶液的制备

分别准确移取 50mg/L 叶酸储备液 0.00mL、0.10mL、0.50mL、1.00mL、2.00mL、3.00mL、4.00mL、5.00mL 到 50mL 棕色容量瓶，用 pH 为 4.2 的 NaOH-HAc 缓冲溶液稀释定容。

2. 待测叶酸样品溶液制备

取市售叶酸片剂一粒，称重后研磨成粉末，加入 30mL 浓度为 0.5%的稀氨水后超声 30min，之后转移到 100mL 棕色容量瓶，用去离子水洗涤定容，用 0.45μm 滤头过滤收集滤液备用。

3. 在线氧化衍生-荧光光度法测定装置搭建

在线氧化衍生-荧光测量系统如图 5-18 所示，包含进样、衍生、测量三部分，各部分组件间通过聚四氟乙烯 FEP 管连通。具体将叶酸进样注射器和过硫酸钾进样注射器固定于注射泵，注射器出口连接至 Y 形三通入口，混合出口连接至螺旋石英微管入口，螺旋石英微管内腔放置柱状紫外灯，螺旋管出口接入荧光流动比色皿进样端，尾端连接至废液缸。

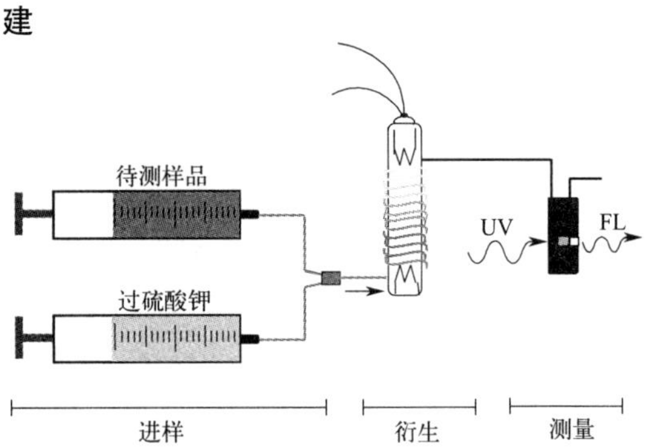

图 5-18　在线氧化衍生-荧光测量系统

4. 叶酸氧化衍生激发光谱和荧光发射光谱

紫外灯避光风冷预热确保发光稳定，叶酸进样注射泵和过硫酸钾进样注射泵流速分别设置为 15.0mL/h 和 3.0mL/h。

过硫酸钾和叶酸注射器分别装入 5mmol/L 过硫酸钾和 3mg/L 叶酸标准溶液，开启注射，排出荧光流动比色皿气泡后置于样品架上，关闭样品室盖，设置荧光分光光度计为波长扫描测量，激发模式下设置发射波长 $\lambda_{em}=442nm$，激发波长扫描范围 200～400nm，采集荧光发射强度和激发波长的关系曲线，即激发光谱，确定最大激发波长为 280nm。将采集模式切换为发射模式，设置最大激发波长 280nm，发射波长扫描范围 300～600nm，记录发射强度与发射波长关系，得到荧光发射光谱，确定最大发射波长为 442nm。

5. 标准溶液及样品溶液测定

紫外灯避光风冷预热确保发光稳定，将荧光分光光度设置为荧光时间模式，设置激发波长为 280nm，发射波长为 442nm，采样间隔 1s，采集时长 60s。叶酸进样注射泵和过硫酸钾进样注射泵流速分别设置为 15.0mL/h 和 3.0mL/h。

过硫酸钾注射器装载 5mmol/L 过硫酸钾溶液，叶酸注射器由低到高浓度分别装载叶酸标准溶液，开启注射，排出荧光流动比色皿气泡后置于样品架上，关闭样品室盖，采集荧光强度数据，将采集荧光强度取平均值，以荧光强度和对应叶酸浓度拟合标准曲线。

叶酸注射器装载待测叶酸样品溶液，在相同条件下进样测定，荧光强度取平均值，根据标准曲线计算样品溶液中叶酸浓度。

五、数据记录与处理

1. 采集叶酸氧化衍生物的激发光谱和荧光发射光谱数据，绘制激发和发射光谱，确定最大激发波长和最大发射波长；

2. 用坐标纸或绘图软件绘制叶酸的标准曲线，并从标准曲线上查找叶酸样品溶液中叶酸浓度，推算叶酸片剂中叶酸的含量（mg/片），并将测定值与药品说明书上的标示量作比较。

3. 根据采集荧光强度时间序列，对测量的稳定性进行评价。

六、思考题

1. 结合荧光产生的机理，说明为什么荧光物质的最大发射波长总是大于最大激发波长。
2. 为什么测量荧光方向必须和激发光的方向成直角?
3. 如何设计实验证明“发射光谱的形状与激发波长无关”?
4. 如何确定叶酸氧化衍生体系最佳 pH? pH 如何影响荧光强度?
5. 叶酸和过硫酸钾流速是否对荧光强度有影响? 试设计方案优化两者流速。
6. 简述实验中叶酸氧化衍生机理。

实验四　相对法测定水杨酸的量子产率

一、实验目的

1. 了解测量荧光物质荧光量子产率的基本原理；

2. 掌握溶液荧光量子产率的测量方法和相关影响因素。

二、实验原理

荧光光谱分析法在有机电致发光、生物医药、临床诊断等领域得到广泛应用。高性能荧光材料的制备已成为这些领域的研究热点与前沿，而这些荧光材料的荧光量子产率的高低直接影响它们的性能优劣。荧光量子产率 Q_f 即荧光物质吸光后所发射的荧光的光子数与所吸收的激发光的光子数的比值，如式(5-7)：

$$Q_f=\frac{k_f}{k_f+\sum k_{nf}}=\frac{photons_{em}}{photons_{abs}} \tag{5-7}$$

式中，k_f 为荧光发射速率常数；k_{nf} 为各种非辐射跃迁的速率常数。

Q_f 的数值在通常情况下总是小于 1。Q_f 的数值越大，则化合物的荧光越强，有分析应用价值的荧光化合物的 Q_f 一般常为 0.1～1，而无荧光的物质的 Q_f 等于或非常接近于零。

荧光物质溶液的荧光量子产率一般采用参比法测定。即在相同激发条件下，分别测定待测荧光试样和已知量子产率的参比荧光标准物质两种稀溶液的积分荧光强度（校正荧光光谱所包括的面积）以及对一相同激发波长的入射光（紫外-可见光）的吸光度，再将这些值分别代入下式进行计算，就可获得待测荧光试样的量子产率。

$$Q_s=Q_R\frac{m_s}{m_R}\times\frac{n_s^2}{n_R^2} \tag{5-8}$$

式中，R 表示参比物质；s 表示待测样品；m 为荧光发射光谱面积（F）与相应吸光度的比值，$m=F/A$；n 为溶液的折射率（如果参比物质和样品用同样的溶剂则为1）。运用上式时一般要求吸光度 A_s、A_R 低于 0.05，参比标准样最好选择其激发波长值与待测物质相近的荧光物质。

量子产率可以用单点法测定，即分别配制一个浓度水平的参比和待测物质的标准溶液，但是测量误差会比较大。比较准确的方法是配制系列浓度的标准溶液，调整标准溶液的浓度使其吸光度在 0.01～0.05 范围内，测定参比和待测物质标准系列在最大激发波长下的吸光度和荧光光谱，绘制相关曲线，图 5-19 为标准参考物质的相关曲线，相关曲线的线性相关系数应大于 0.99，计算曲线的斜率 m，代入上式进行计算。

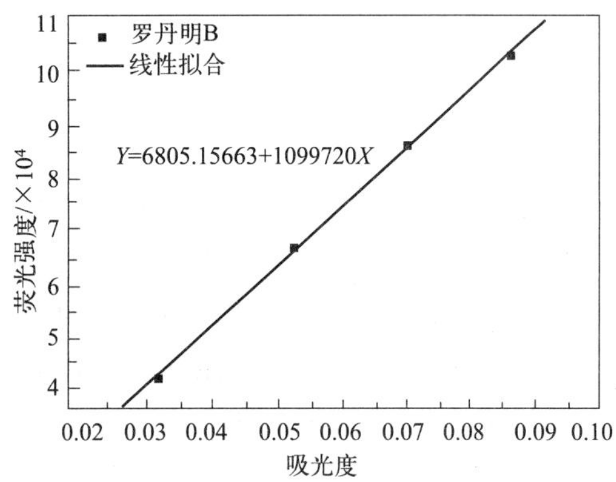

图 5-19 吸光度和荧光光谱积分面积的线性相关图

本实验以硫酸奎宁为参比物质，测定水杨酸的荧光量子产率。

三、仪器及药品

1. 仪器 荧光分光光度计；紫外-可见分光光度计；荧光比色皿 1 个；紫外石英比色皿 1 对；10mL 具塞比色管；10mL 移液管。

2. 药品　硫酸奎宁溶液 [5×10^{-5}mol/L（0.1mol/L 硫酸溶液）]；水杨酸储备液 [5×10^{-5}mol/L 溶液（水溶液）]。

四、实验步骤

1. 扫描硫酸奎宁的荧光激发和发射光谱，找出其最大激发波长，激发波长应与水杨酸接近。

2. 配制 3～5 种不同浓度的硫酸奎宁溶液和水杨酸溶液（最佳条件），使其吸光度（最佳激发波长下）在 0.01、0.03、0.05 左右（浓度最大溶液的吸光度必须在 0.1 以下），本实验配制 3 个不同浓度。

3. 测定硫酸奎宁和水杨酸溶液的吸光度（波长设置为二者的激发波长），测定溶剂空白的吸光度。

4. 扫描硫酸奎宁和水杨酸溶液的荧光光谱，测定荧光发射光谱的面积，测定溶剂空白的荧光光谱，测定相应波长范围的面积。

五、数据记录与处理

1. 以吸光度为横坐标，荧光面积为纵坐标，分别绘制两种化合物吸光度与荧光发射面积（必须扣除空白）的相关关系，得到线性方程和线性相关系数，线性相关系数应大于 0.99。

2. 将所得斜率代入计算方程，查出溶剂的折射率，计算荧光量子产率。

六、思考和讨论

1. 用相对法测定荧光量子产率对参比物质有什么要求？

2. 本实验采用相关曲线的方法测定量子产率有什么优点？

实验五　3-羧基香豆素的固体基质室温磷光测定

一、实验目的

1. 了解固体基质室温磷光法的基本原理；

2. 学习固体基质室温磷光法的基本操作。

二、实验原理

磷光是电子由第一激发三重态的最低振动能级回到基态（$T_1 \rightarrow S_0$ 跃迁）发出的辐射。电子由基态 S_0 进入第一激发三重态 T_1 的可能过程：S_0 受到激发跃迁到激发单重态 S_1、S_2 等，通过一系列振动弛豫、内转移、系间跨越、振动弛豫到达第一激发三重态 T_1。系间跨越是不同多重态，有重叠的转动能级间的非辐射跃迁，改变了电子自旋，所以 $S_0 \rightarrow T_1$ 属于禁阻跃迁。磷光的特点是发光速度很慢，为10^{-4}～10s，光照停止后，可持续一段时间，另外磷光的强度较弱。磷光是由激发三重态经禁阻跃迁返回基态，很容易受其他辐射或无辐射跃迁的干扰而使磷光减弱，甚至完全消失。为了获得较强的磷光，可采取下列一些措施。

① 低温磷光　在低温，如液氮甚至在液氦的冷冻下，使样品冷冻为刚性玻璃体。这时振动耦合和碰撞等无辐射去活化作用降到最低限度，磷光增强。

② 固体磷光　在室温条件下，测量吸附在固体基质上（如滤纸、硅胶等）的待测物质所发射的磷光，称为固体磷光法。这样可以减少激发三重态的碰撞熄灭等无辐射跃迁的去活化作用，获得较强的磷光。

③ 分子缔合物的形成　在试液中，表面活性剂与待测物质形成胶束缔合物后，可增加其刚性，减少了激发三重态的内转移及碰撞熄灭等无辐射跃迁去活化作用，增加了激发三重态的稳定性，获得较强的磷光。

④ 重原子效应　在含有重原子的溶剂中，待测物质的荧光将减弱，磷光得到加强。

磷光的测量是借助于荧光和磷光寿命的差别，采用磷光镜将荧光隔开。所以荧光计上配上磷光测量附件即可对磷光进行测量。

本实验以 1mol/L $Pb(Ac)_2$ 作外重原子微扰剂，3-羧基香豆素在滤纸基质上，经适当干燥后能发射很强的室温磷光（RTP）信号。

三、仪器及药品

1. 仪器　荧光分光光度计（磷光方式）；磷光附件，荧光比色皿；0.5μL 微量注射器。

2. 药品　1.0×10^{-3}mol/L 3-羧基香豆素溶液；1mol/L $Pb(Ac)_2$ 溶液（含 2mol/L HAc）。

四、实验步骤

1. 开机，预热仪器，调整好实验参数。

2. 将剪切成 6mm×15mm 的滤纸条在 1mol/L $Pb(Ac)_2$ 溶液中浸泡 10s，然后放在红外恒温箱中洁净平台上，在 84～89℃下烘烤 1min，取出。用压痕器在滤纸中部轻压一直径为 3mm 的圆痕，小心夹住滤纸角，用 0.5μL 微量注射器悬空在圆痕中心点样 0.2μL 1.0×10^{-3}mol/L 3-羧基香豆素溶液，先自然晾干 1min，然后再放入红外烘箱中烘烤 1min，立即装入固体样品架，在激发波长 $\lambda=314.5$nm 处，以校正方式扫描发射光谱，即可得到 3-羧基香豆素在滤纸基质上的 RTP 校正发射光谱，再测定其激发光谱。

3. 更换另一种基质（如另一种滤纸，或其他薄层色谱用基质）和另一种重原子微扰剂（如 KI、$AgNO_3$ 溶液）进行类似试验，比较其 RTP 光谱的异同。

五、数据记录与处理

比较不同基质和不同重原子微扰剂情况下 3-羧基香豆素的 SS-RTP 光特性（波长、强度）。

六、注意事项

1. 湿气会严重猝灭磷光信号，滴加试样后的基质，必须认真干燥。

2. 向基质上滴加试样时，采用截去尖头的微量注射器，并悬空稍稍离开，不直接接触基质点样。

3. 校正光谱和非校正光谱的峰形和峰位将有所不同。

七、思考题

1. 根据试验结果总结影响固体基质室温磷光（SS-RTP）的有关因素和 SS-RTP 的优缺点。

2. 如何区分发光物质的荧光、延迟荧光和磷光?

第六章　核磁共振波谱分析

第一节　概述

核磁共振是交变磁场与物质相互作用的一种物理现象。核磁共振波谱法（NMR）是一种非常重要的仪器分析方法，主要用于有机化合物结构分析，其中最常用的是氢核磁共振波谱（^1H-NMR）和碳核磁共振波谱（^{13}C-NMR）。

核磁共振现象是非零磁矩的原子核在外部磁场作用下，核自旋简并能级发生裂分，如果此时外加一个能量，使其等于两个能级差，则该核就可能吸收能量（称为共振吸收）从低能级跃迁至高能级，吸收的能量相当于频率范围为 0.1～100MHz 电磁波（波长 10～100m 无线电波，简称射频）。原子核整体呈现出带电性，在核自旋运动的作用下，这些带电的原子核就形成自身的核磁矩。该磁矩 u 与自旋角动量 p 成正比，即 $\vec{\mu}=\gamma \cdot \vec{p}$，其中 γ 为对应原子核的磁旋比，不同的核具有不同的磁旋比。由量子力学理论可知，核自旋角动量是量化的，不可连续取值，它可用自旋量子数 I 表示，I 与 P 的关系为：

$$P=\sqrt{I(I+1)} \cdot \frac{h}{2\pi} \tag{6-1}$$

式中，h 为普朗克常数。自旋量子数 I 会随着原子核的质子数 Z 和中子数 N 的不同而取不同的值。当质子数 Z 和中子数 N 都为偶数时，原子核为非磁性核，I 取零，不产生自旋角动量，无法产生 NMR 信号。除此之外，其他的原子核均能产生 NMR 现象。当 $I=1/2$ 时，核外电子云呈均匀的球形分布，原子核所形成的谱线宽度较窄，最适合应用于 NMR 谱学检测。$I=1/2$ 的原子核有^1H、^{19}F、^{31}P 和^{13}C 等，^1H、^{19}F 和^{31}P 三种原子在自然界的丰度接近 100%，核磁共振容易测定，尤其是^1H，是组成有机化合物的主要元素之一。因此，对于^1H 的 NMR 谱测定，在有机分析中十分重要。C 构成有机化合物骨架，^{13}C-NMR 提供的是分子骨架最直接的信号，因而对有机化合物结构鉴定具有重要意义。但^{13}C 天然丰度低，仅占^{12}C 的 1.1%，灵敏度低，傅里叶变换核磁共振波谱（PFT-NMR）的发展，使^{13}C-NMR 成为可进行常规测试的手段。

在原子结构中，除了带正电的原子核外，外围还包含着相对等数量带负电的电子。在形成分子时，由于周围环境的变化和相关作用，有的电子会偏离原有的原子核，有的则会形成共用配对，因而整个电子云具有不同而独特的分布。对于抗磁性物质，这些分子内的电子在无磁场作用下，与原子核形成无磁性耦合，总自旋角动量为零。然而，当外部磁场出现时，核外电子云会被极化，产生感应环形电子流，呈现出一个逆向的感应磁矩。并且极化后的电子云会在原子核处产生一个与外部磁场相反的内部磁场，使原子核感受到的有效磁场 B_{eff} 小于外部磁场 B_0。对于液体样品，其表达式为：

$$B_{eff}=B_0-\sigma B_0=B_0(1-\sigma) \tag{6-2}$$

式中，σ 为磁屏蔽常数，它只与原子核所处的化学环境有关。在这种磁屏蔽的作用下，不同化学环境下原子核的 NMR 共振峰会在频率维度上产生不同程度的位移，形成化学位移。此时，该原子核的 NMR 频率为：

$$\upsilon=\frac{1}{2\pi}\gamma(1-\sigma)B_0 \tag{6-3}$$

式中，$\frac{\gamma\sigma B_0}{2\pi}$ 为绝对化学位移，是依据单个孤立的原子核来计算的。然而在现实复杂的化学环境中，孤立的原子核并不会存在，因此不可能准确测量绝对化学位移。在通常情况下，NMR 实验只能测量相对化学位移，也就是同一种核自旋在不同化学环境中 NMR 共振频率的相对变化：

$$\Delta\upsilon=\frac{1}{2\pi}\gamma(\sigma_1-\sigma_2)B_0 \tag{6-4}$$

在有机化合物中，各种核周围的电子云密度不同（结构中位置不同），共振频率有差异，即引起共振吸收峰的位移，这种现象称为化学位移。因此，当电子检测系统接收信号时，自由感应衰减（free induction decay，FID）信号就已经包含了与不同化学成分、化学结构相对应的化学位移信息。再将 FID 信号进行傅里叶（Fourier）变换处理，所得到的频域谱图就可以清晰地展示出物质成分和结构等信息。

因化学环境而产生的共振频率的差别非常小，大约只有 ^{1}H 共振频率的百万分之十几，很难准确测定，所以实际测量的是相对于某个标准物质共振频率的差值，为此定义化学位移值为：

$$\delta=\frac{\nu_{样}-\nu_{标}}{\nu_{标}}\times10^6(\text{ppm}) \tag{6-5}$$

式中，δ 为化学位移值，量纲为 1；$\nu_{标}$ 和 $\nu_{样}$ 分别是标准物和试样的共振频率，常用的标准物是四甲基硅烷（简称 TMS）。按国际纯粹与应用化学联合会（IUPAC）规定：TMS 的化学位移值为零，位于谱图的右边。由于硅的电负性比碳小，TMS 中的 ^{1}H 核外电子密度比一般有机物的 ^{1}H 大，即屏蔽常数大，共振频率低。所以绝大多数有机物的化学位移为负值，在谱图上处于 TMS 的左边。为了方便书写，负号省略掉。常见结构单元化学位移范围见图 6-1。

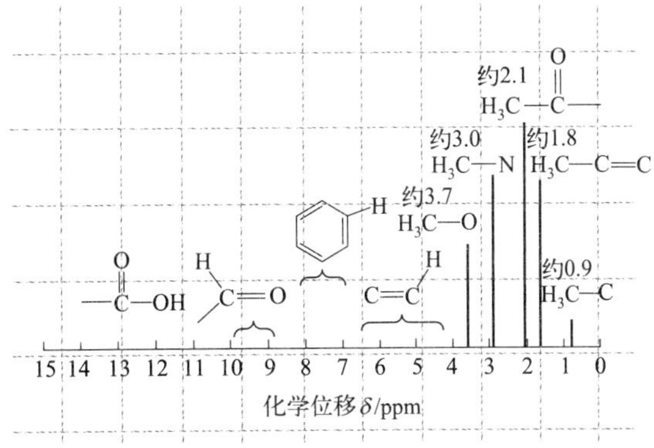

图 6-1　常见结构单元化学位移范围

化学位移的影响因素有取代基的电负性、磁各向异性效应和氢键等。核磁共振谱图相邻氢核的自旋偶合作用发生裂分，使谱图变得复杂，一般分析的是一级谱图。在一级谱图上可获得三方面的信息：化学位移、偶合裂分情况和代表氢个数的积分线。原子核周围环境不同，化学位移也不同，因而可以进行结构分析和定性分析。谱峰面积与样品各组分所含分析核数目成正比，因此可进行定量分析。

根据核磁共振分析的原理可知，核磁共振波谱仪由外加磁场、探头和数据处理与记录系统等组成。外加磁场强度的高低影响仪器的灵敏度和分辨率，磁场的稳定性影响仪器的分辨率，所以希望得到稳定大磁场的仪器，目前主要采用超导磁铁提供大磁场。探头可放样品管，同时发射分析核脉冲电磁波和检测核磁共振信号。目前有双核探头，分析^{1}H和^{13}C；四核探头分析^{1}H、^{13}C、^{31}P和^{15}N。

核磁共振仪能够分析^{13}C、^{1}H、^{19}F和^{31}P等核所处的不同的化学环境的结构，广泛应用于多个学科领域的研究，在化学、食品、矿业、生物医学以及材料科学等领域都有广泛的应用，已成为很多领域研究工作的不可或缺的分析与检测手段。

本章设置四个实验，都属于氢谱的测定，从验证典型的氢质子到有机物的定性与结构分析，再到有机化合物的定量和互变结构的定性和定量分析，包含了^{1}H-NMR的多个方面的应用。实验包含了基础性和综合性实验。

第二节　实验部分

实验一　^{1}H-NMR鉴定典型的氢质子

一、实验目的

1. 通过测定汽油及一系列卤代烷烃的^{1}H-NMR，熟悉几种不同化学环境氢质子的化学位移值；

2. 了解电负性元素对邻近氢质子化学位移值的影响；

3. 了解核磁共振仪器及其分析方法。

二、实验原理

用^{1}H-NMR波谱图上的化学位移值δ，可以区分汽油中存在的5种以上不同化学环境的氢质子。它们是：①芳香环上的氢质子；②与不饱和碳原子直接相连的氢质子；③与芳香环直接相连的—CH_3或—CH_2上的氢质子；④与不饱和碳原子相连的—CH_2或—CH_3上的氢质子；⑤正构烷烃、支链烃和环烷烃上的氢质子。

化学位移的产生是由于电子云的屏蔽作用，因此，凡能影响电子云密度的因素，均会影响化学位移值。如氢质子与电负性元素相连接时，电负性元素对电子存在诱导效应，质子上电子云密度不同程度地减小，导致其化学位移值向低磁场方向移动，随着元素电负性的增加，向低磁场强度方向移动的距离就增大。

三、仪器与药品

1. 仪器 核磁共振仪；NMR 管（外径 5mm，0.5mL）；移液管（0.1mL）。

2. 药品 氘代氯仿；四甲基硅烷；两种优质汽油试样；

三种卤代烷烃溶液（7%）：一氯乙烷、一溴乙烷、一碘乙烷分别溶在氘代氯仿中，配成 7%的溶液。

四、实验步骤

1. 认真阅读核磁共振仪的操作说明书。
2. 在教师指导下，启动核磁共振仪。
3. 取两种优质汽油各 0.03mL 分别放入 2 根核磁管中，再分别加入 0.5mL 氘代氯仿及 2 滴四甲基硅烷。
4. 将 3 种 7%的卤代烷烃溶液分别放入 3 根核磁管内，并加入少许四甲基硅烷。
5. 分别记录上述 5 种溶液的 NMR 谱图。
6. 如果汽油试样中的某些峰强度太小，则可将纵坐标放大后，再绘制 NMR 谱图。

五、数据记录与处理

1. 根据化学位移值及偶合情况，确定每一组峰所代表的氢质子的类型。
2. 测定 3 种卤代乙烷的化学位移值和偶合常数 J，并列成表格。
3. 用 3 种卤代乙烷的化学位移值，分别绘制 δ_{CH_3}、δ_{CH_2} 对 3 种卤原子的泡利电负性曲线。其电负性数据分别为：$\chi_F=4$、$\chi_{Cl}=3.0$、$\chi_{Br}=2.8$、$\chi_I=2.5$。

六、思考题

1. 根据实验结果，估算氟乙烷（CH_3CH_2F）δ_{CH_3}、δ_{CH_2} 和 J 值，并绘制其^{1}HNMR 谱草图。
2. 取代基电负性对偶合常数 J 有何影响？
3. 电负性元素对邻近氢质子化学位移的影响与其之间相隔的键数有何关系？

实验二 乙苯、乙酸乙酯、苯甲酸乙酯和未知物的^{1}H NMR 的测定

一、实验目的

1. 了解核磁共振仪的结构、原理及应用范围；
2. 了解核磁共振谱的三个主要特征：化学位移、吸收峰和自旋偶合；
3. 熟悉不同化学环境中的质子与化学位移的关系，能解析一般的^{1}H NMR 谱；
4. 掌握利用核磁共振法进行定性鉴定。

二、实验原理

氢原子核是带正电荷的自旋粒子，在自旋运动时产生核磁矩 μ，如果将其加入磁场强度

为 H（单位为 T）的外磁场中，由于核磁矩与外磁场的相互作用，根据量子力学原理，核磁矩相对于外磁场将有两种不同取向：一是与外磁场方向平行（磁量子数 $m=+1/2$），能量较低，称为低能级；二是与外磁场方向相反（磁量子数 $m=-1/2$），能量较高，称为高能级。两个能级之差为 ΔE。

$$\Delta E=\frac{\gamma h}{2\pi}H_0 \tag{6-6}$$

式中，γ 为磁旋比，不同的原子核具有不同的磁旋比，^{1}H 核的 γ 值为 2.6753×10^8 rad（s·T）；h 为普朗克常数；H_0 为磁场强度。

ΔE 与磁场强度（H_0）成正比。若质子受到一定频率（υ）的电磁波辐射，辐射所提供的能量恰好等于质子两种取向的能量差（ΔE），即 $\Delta E=h\upsilon$ 或 $\upsilon=\gamma H_0/(2\pi)$ 时，质子就吸收电磁波辐射的能量，从低能级跃至高能级，这种现象称为核磁共振。

质子的核磁共振频率不仅取决于外加磁场和核磁矩，同时要受到质子在化合物中所处化学环境的影响。即不同化学环境中的质子，其化学位移不同，因此可以利用核磁共振谱对化合物进行定性鉴定。一些常见基团质子的化学位移见表 6-1。

表 6-1　一些常见基团质子的化学位移

质子的类型	δ	质子的类型	δ
RCH_3	0.9	RCH_2I	3.2
R_2CH_2	1.3	ROH	1～5
R_3CH	1.5	RCH_2OH	3.4～4
$>C{=}CH_2$	4.5～5.3	$ROCH_3$	3.5～4
$-C{\equiv}CH$	2～3	$R_2CHCOOH$	10～12
RCH_2F	4	RNH_2	1～5
RCH_2Cl	3～4	RCH_2Br	3.5

核磁共振谱解析时，首先要根据谱图中所出现的信号数目确定分子中含有几种类型的质子，其次要根据谱图中各类质子的化学位移 δ 值判断质子的类型，在 $\delta=7$ 附近的低场出现吸收峰，通常表明存在苯环质子。碳-碳双键、醛基及羟基上的氢通常都在特定的位置上出现吸收。通过测量积分曲线的阶梯高度，可以确定各类质子之间的比例。最后观察和分析各组峰的裂分情况，通常根据偶合常数 J 和峰形确定彼此偶合的质子。在分析了上述信息之后，常常可以写出符合所有这些数据的一个或几个结构式，之后结合有关的物理常数、化学性质以及红外、紫外、质谱的数据予以判定。

核磁共振仪常用于药物、食品、高分子化合物、有机化合物、染料等的结构分析。测定有机化合物的核磁共振谱时所用的样品必须是纯品，一般用液体样品，固体样品需配成溶液。核磁共振谱（氢谱）所需溶剂本身最好不含氢，以便避开溶剂峰的干扰。常用的溶剂有 CCl_4、$CDCl_3$（氘代氯仿）、C_2D_5OD、C_6D_6、CD_3SOCD_3、CF_3COOD、CD_3COCD_3 及 D_2O（重水）。最常用的内标物是四甲基硅烷，它在样品溶液中的含量为 1%～4%。

本实验通过测定乙苯、乙酸乙酯、苯甲酸乙酯和未知物的核磁共振谱 ^{1}H-NMR，分析它们的核磁共振谱图的形状、共振吸收峰的位置和积分线的高低比例，从而定性分析未知物为乙苯、乙酸乙酯还是苯甲酸乙酯。

三、仪器与药品

1. 仪器 核磁共振仪；样品管（φ5mm）。

2. 药品 乙酸乙酯；乙苯；苯甲酸乙酯；CCl_4（或 $CDCl_3$）；四甲基硅烷（TMS）。

四、实验步骤

1. 测定乙苯的核磁共振谱

（1）在 φ5mm 样品管中，加 0.2mL 乙苯和 0.5mL CCl_4，再加 2 滴 TMS，摇匀。

（2）测定乙苯的核磁共振谱，并记录积分曲线。

2. 测定乙酸乙酯和苯甲酸乙酯及未知物溶液的核磁共振谱

取乙酸乙酯和苯甲酸乙酯及未知物溶液各 0.2mL，其他同步骤 1 操作。

五、数据记录与处理

1. 解析谱图：解析乙酸乙酯、乙苯和苯甲酸乙酯的核磁共振谱，指出各吸收峰的归属。

2. 确定结构：由未知物的核磁共振谱解释各组峰的归属，并由各组峰质子数，确定未知物的结构。

六、思考题

1. 如何选择核磁溶剂和内标？

2. 若分别以 $CDCl_3$ 和 D_2O 作溶剂，测定乙酸乙酯的核磁共振谱，谱图有何区别？

实验三 核磁共振波谱法定量测定酚氨咖敏药片组分

一、实验目的

1. 掌握核磁共振波谱进行定性、定量分析的原理及基本方法；

2. 了解核磁共振波谱仪的工作原理及基本操作。

二、实验原理

原子核具有磁矩，如置于磁场中，则与磁场相互作用而产生核自旋能量分裂，形成不同的核自旋能级。在射频能的作用下，特定结构环境中的原子核实现共振跃迁。将共振跃迁时吸收信号的频率和强度记录下来就得到核磁共振波谱图。

核磁共振波谱图上的吸收峰频率，即化学位移 δ，是 NMR 谱图的最重要参数之一。

由于分子中各种基团都具有各自特定的化学位移范围，因此利用 δ 的大小可以判定谱峰所属的基团，又因为 ^{1}H-NMR 谱峰的面积与样品各组分所含氢核数目成正比，因此各谱峰面积之比就是氢的物质的量之比，因此即可进行定量分析。

酚氨咖敏片是用于医治感冒、发热、头痛、神经痛及风湿痛等的常见药品，其主要成分有以下三种。

（1）氨基比林（aminopyrine）

氨基比林（图 6-2）是白色或几乎白色结晶性粉末；无臭，味微苦；遇光可变质；水溶液显碱性反应。本品在乙醇或氯仿中易溶，在水或乙醚中溶解。分子量为 231.30。

（2）对乙酰氨基酚（paracetamol）

对乙酰氨基酚（图 6-3）是白色结晶性粉末，无臭，味微苦；易溶于热水或乙醇，溶于丙酮，微溶于水；有解热镇痛作用，用于感冒发烧、关节痛、神经痛、偏头痛、癌痛及手术后止痛等。分子量为 151.16。

（3）咖啡因（caffeine）

咖啡因（图 6-4）是从茶叶、咖啡果中提炼出来的一种生物碱，白色或带极微黄绿色、有丝光的针状结晶，无臭、味苦；在热水或氯仿中易溶，略溶于水、乙醇、丙酮，微溶于石油醚，临床上用于治疗神经衰弱和昏迷复苏。分子量为 194.19。

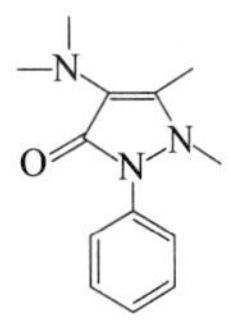

图 6-2　氨基比林结构图

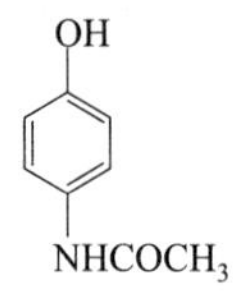

图 6-3　对乙酰氨基酚结构图

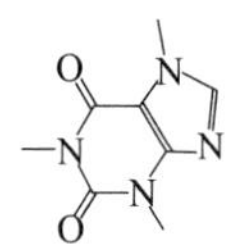

图 6-4　咖啡因结构图

几种物质的特征峰见表 6-2。

表 6-2　几种物质的特征峰

组分	化学位移 δ	特征峰
氨基比林	2.2～3.1	氨基比林中的—CH_3
对乙酰氨基酚	2.1	对乙酰氨基酚中—CH_3
咖啡因	3.2～3.8	咖啡因中的—CH_3

根据上述特征峰可以进行这些物质的定性分析。

在核磁共振定量分析中，常用的方法是内标法。在样品溶液中，直接加入一定量内标物质后，进行 NMR 光谱测定，将样品指定基团上质子引起的共振峰（即吸收峰）的面积与由内标物质指定基团上质子引起的共振峰面积进行比较，即可算得样品的含量，样品中各组分的质量比分别等于其物质的量之比。

本实验选取 3-三甲基硅烷-1-丙磺酸钠作为内标物质，用核磁共振内标法测定酚氨咖敏片中各组分的含量。称取一定量药品（W_S）与内标（W_R）一同测量，其中各组分的含量计算式如下：

氨基比林（12H）：
$$W_A=\frac{A_{s(2.2\sim3.1)}M_A}{12}\cdot\frac{9}{M_R\cdot A_R}\cdot W_R \tag{6-7}$$

对乙酰氨基酚（3H）：
$$W_A=\frac{A_{s(2.1)}M_B}{3}\cdot\frac{9}{M_R\cdot A_R}\cdot W_R \tag{6-8}$$

咖啡因（9H）：

$$W_A = \frac{A_{s(3.2 \sim 3.8)} M_C}{9} \cdot \frac{9}{M_R \cdot A_R} \cdot W_R \qquad (6\text{-}9)$$

式中，M_A、M_B、M_C、M_R 分别为氨基比林、对乙酰氨基酚、咖啡因和内标物的分子量；A_S 为样品峰面积；A_R 为内标物峰面积。

三、仪器与药品

1. 仪器　核磁共振仪；电子天平（万分之一）；离心机（≥4000r/min）；移液枪（0.5mL、1mL）；容量瓶（10mL）。

2. 药品　氨基比林；对乙酰氨基酚；咖啡因；3-三甲基硅烷-1-丙磺酸钠；重水；酚氨咖敏药片。

四、实验步骤

1. 样品溶液的配制及测定

用重水配制氨基比林、对乙酰氨基酚、咖啡因的标准溶液，分别测定其^{1}H-NMR 谱。

2. 混合标准样品的配制

准确称取氨基比林 100.0mg、对乙酰氨基酚 100.0mg、咖啡因 25.0mg、内标（3-三甲基硅烷-1-丙磺酸钠）50.0mg 于 10mL 容量瓶内，用重水定容，振荡溶解后备用。

3. 方法回收率的测定

取上述混合标准样品溶液 0.5mL 于 NMR 样品管中，预热数分钟后，按照仪器使用步骤进行测定。

4. 样品预处理及测定

取一片酚氨咖敏药片准确称重，在研钵中将药片研成细粉状。

准确称取研细的药片 40.0mg（W_S），置于 5mL 离心管，加入重水 0.5mL、3-三甲基硅烷-1-丙磺酸钠重水溶液（20.0mg/mL）0.2mL。振荡摇匀，40℃水浴加热 5min，离心分离。取其上层清液于 NMR 样品管内，测定其^{1}H-NMR 谱。

五、数据记录与处理

1. 标出三个化合物的^{1}H-NMR 谱中主要峰的化学位移，进行结构解析并归属。

2. 对混合标准溶液和酚氨咖敏片谱图中的内标峰及样品 δ2.2～3.1、δ2.1、δ3.2～3.8 的共振峰进行积分，记录峰面积，计算方法回收率及酚氨咖敏片各组分的含量。

六、思考题

1. 核磁共振氢谱中对峰面积进行积分，峰面积的比等于其代表的氢数之比，试简述其原理。

2. 使用核磁共振进行定量测试时需要注意哪些参数的设置？

实验四　核磁共振波谱法分析乙酰乙酸乙酯互变异构体

一、实验目的

1. 学习利用核磁共振波谱法对互变异构体进行定性、定量分析；
2. 进一步熟悉核磁共振波谱仪的工作原理及基本操作。

二、实验原理

乙酰乙酸乙酯有酮式和烯醇式两种互变异构体，见图 6-5。

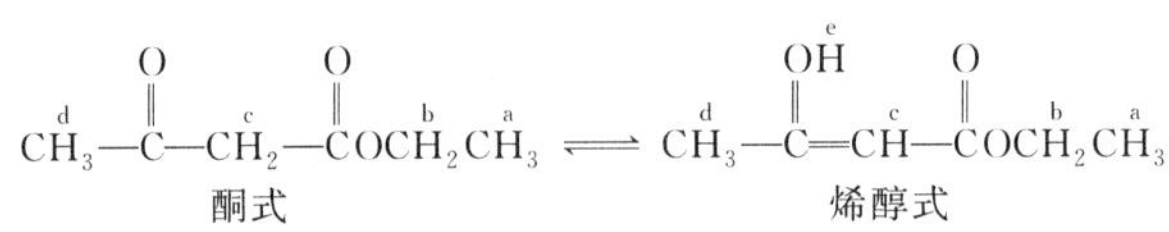

图 6-5　乙酰乙酸乙酯的互变异构体

一般情况下两者共存，但温度、溶剂等条件不同的体系中两种互变异构体的相对比例有很大差别。表 6-3 是 18℃时不同溶剂中烯醇式的含量。酮式和烯醇式的乙酰乙酸乙酯结构中部分^{1}H 的化学环境完全不同，因此相应^{1}H 的化学位移也不同，表 6-4 是酮式和烯醇式中对应^{1}H 的化学位移值。

表 6-3　18℃时不同溶剂中乙酰乙酸乙酯的烯醇式含量

溶剂	$w_{烯醇式}$/%	溶剂	$w_{烯醇式}$/%
水	0.40	乙酸乙酯	12.9
50%甲醇	1.25	苯	16.2
乙醇	10.52	乙醚	27.1
戊醇	15.33	二硫化碳	32.4
氯仿	8.2	己烷	46.4

表 6-4　乙酰乙酸乙酯 NMR 中各种^{1}H 的化学位移

^{1}H 的类型	a	b	c	d	e
酮式	1.3	4.2	3.3	2.2	无
烯醇式	1.3	4.2	4.9	2.0	12.2

表 6-4 中 a～e 分别表示不同化学环境的氢质子。

选择不同的化学位移分别代表酮式和烯醇式的^{1}H，利用它们的积分曲线高度比（即峰面积比），可以计算出一个确定体系中两种互变异构体的相对含量。例如，选择 c 氢的面积来定量。酮式中 c 氢的化学位移 $\delta_c=3.3$，氢核的个数为 2，烯醇式中 $\delta_c=4.9$，氢核的个数为 1，则

$$\omega_{烯醇式}=\frac{\dfrac{A_{4.9}}{1}}{\dfrac{A_{3.3}}{2}+\dfrac{A_{4.9}}{1}} \tag{6-10}$$

式中，$A_{3.3}$ 和 $A_{4.9}$ 分别表示化学位移 3.3 和 4.9 处的积分曲线高度。

同样，这种方法也可以用于二元或多元组分的定量分析，方法的关键是要分别找出代表各个组分的吸收峰，并准确测量它们的积分曲线高度。

三、仪器与药品

1. 仪器　傅里叶变换核磁共振谱仪（400MHz超导核磁共振谱仪或其他型号）；样品管（φ5mm）。

2. 药品　乙酰乙酸乙酯（分析纯）；氘代溶剂（氘代氯仿、重水）；TMS-CCl_4 溶液；试样1（以氘代氯仿为溶剂配制的乙酰乙酸乙酯试样）试样2（以重水为溶剂配制的乙酰乙酸乙酯试样）。

四、实验步骤

1. 认真阅读核磁共振波谱仪的操作说明书。

2. 在教师指导下，启动核磁共振波谱仪。

调整参数：测试核种类^{1}H。试样管的转速：不旋转或25～30r/s。

3. 仪器状态检查和调试：将试样1放入探头内，进行锁场、匀场，直至符合采样要求。

4. 试样1的^{1}H NMR采集和数据处理：仪器调试和参数设定完成后，采集试样1的FID信号，并进行数据处理，如傅里叶变换、相位校正、基线校正、标注谱峰、积分等。

5. 试样2的^{1}H NMR采集和数据处理：重复3～4步完成FID信号采集和数据处理。

6. 测定完毕，从探头中取出试样管。将试样管中的溶液等倒入废液瓶中，将试样管清洗干净后置于烘箱中烘干。

五、数据记录与处理

1. 根据化学位移、峰裂分情况对所测得的乙酰乙酸乙酯核磁共振氢谱中的各吸收峰进行归属，按酮式和烯醇式分别进行。

2. 分别测量酮式和烯醇式各峰的积分曲线高度，并转换成整数比，与理论值进行比较。讨论其误差情况。

3. 按式(6-10)计算烯醇式的质量分数。

^{1}H NMR定量分析的依据是吸收峰的面积（即积分曲线高度）与对应的H数目成正比。对于完全分开的峰组，基线是否平直和积分曲线绘制质量是^{1}H NMR定量分析的关键。

六、思考题

1. 试比较用氘代氯仿和重水为溶剂测得的两张核磁共振谱图，指出它们的差别，并说明原因。

2. 由所得谱图找出各组峰的化学位移，并做峰的归属分析。

3. 根据核磁共振定量分析的原理，设计一个定量分析乙酰乙酸乙酯中酮式质量分数的方法。

第七章　质谱分析

第一节　概述

质谱分析（MS）是现代物理与化学领域内一个极为重要的研究、分析手段。其按用途分为有机质谱、无机质谱和同位素质谱，它是测定化合物结构的最重要方法之一，可以提供有机物分子量、分子式、化合物类型和其他结构信息。

质谱分析是根据离子（带电荷的原子、分子或分子碎片）质荷比（m/z）不同而排列成谱图进行分析的。质谱分析的基础是物质首先电离，电离方式有电子轰击（EI）电离、化学电离（CI）、大气压化学电离（APCI）、电喷雾电离（ESI）、基质辅助激光解吸电离（MALDI）、快原子轰击电离（FAB）、无机质谱的电感耦合等离子体电离（ICP）。电离后不同离子从离子源进入质量分析器，按质荷比大小把各种离子分离，然后进入检测器检测不同质荷比离子强度，并排列形成质谱图。分子电离的常规方法是电子轰击电离法。随着科学技术的发展，目前大气压化学电离、电喷雾电离和基质辅助激光解吸电离用得也比较普遍。在不同的离子源中得到的离子种类有所不同，总结起来，主要有分子离子或准分子离子、同位素离子、碎片离子、重排离子等。根据分子离子可以准确测定物质的分子量，结合同位素离子可以确定物质的化学式，结合碎片离子和重排离子可以分析物质的结构。现在质谱技术已广泛应用于医药、食品、化学化工、环境与生物、煤炭等众多领域。有机化合物的离子断裂方式主要有σ-断裂、α-断裂、β-开裂以及重排开裂。在一定的实验条件下，每一种物质因其结构特征性，所以得到特定的质谱图。分子结构不同，质谱图也不同，所以可以进行结构分析。

根据质谱分析原理，质谱仪由进样系统、离子源、质量分析器、检测与记录系统以及真空系统组成。进样系统的作用是高效重复地将样品引入到离子源，且不造成真空度的降低。气体样品可以直接导入或用气相色谱进样；液体通过加热气化或雾化进样；固体样品可以用直接探头进样。离子源的作用是将进样系统引入的气态样品分子转化成离子。常用离子源有电子轰击电离源、化学电离源、快原子轰击电离源、基质辅助激光解吸电离源、电喷雾电离源等。离子源根据能量的高低可分为硬源和软源。硬源离子化能量高，伴有化学键的断裂，谱图复杂，可得到分子官能团的信息，如电子轰击电离源、快原子轰击电离源等。软源的离子化能量低，产生的碎片少，谱图简单，可得到分子离子峰的信息，如化学电离源、基质辅助激光解吸电离源、电喷雾电离源等。质量分析器的作用是将离子源中形成的离子按质荷比大小分开。质谱不同于其他分析仪器，离子源和质量分析器种类较多。常用的质量分析器有磁分析器（单聚焦、双聚焦）、飞行时间、四极滤质器（四极杆）、离子阱、傅里叶变换离子回旋共振等。其中分辨率最高的是双聚焦磁分析器。飞行时间分析器分析质量范围宽，在生命科学中用途很广。质谱仪中离子源、质量分析器、检测器必须处于高真空状态，所以质谱仪需要真空系统。一般质谱仪采用机械泵预抽真空，然后用扩散泵、分子涡轮泵高效率连续抽气。

本章设置四个实验，首先是仪器参数测定，然后选择三种不同质谱仪的测定实验，包含了电子轰击电离源、基质辅助激光解吸电离源、电喷雾电离源三种离子源，以及四极杆、飞行时间和离子阱三种不同的质谱分析器。通过实验可以了解不同离子源的特点与不同质量分析器的分析原理，可以更好地解析质谱图。

第二节　实验部分

实验一　质谱仪分辨率的测定

一、实验目的

1. 了解质谱仪分辨率的测定方法；
2. 了解质谱仪的结构和工作原理。

二、实验原理

质谱仪是利用电磁学的原理，使物质的离子按照其特征的质荷比 m/z 来进行分离并进行分析的仪器。质谱分析法是利用质谱仪把样品中被测物质的原子或分子电离成一定的离子并按照 m/z 值的大小顺序排列构成质谱；然后根据物质的特征质荷比 m/z 的位置实现质谱定性分析，获得化合物的分子量及其他有关结构信息。根据谱线的黑度（或离子流的强度）与被测物质含量成正比的关系，实现质谱定量分析。

分辨率：表示仪器分开两个相邻离子的能力，通常用 R 表示。两个峰高相等、质量为 M_1 和 M_2 且恰好分开的相邻峰，其二者质量数的平均值 $\overline{M}$ 与二者质量之差 ΔM 的比值定义为质谱仪的分辨率。

$$R=\frac{M_1+M_2}{2(M_2-M_1)}=\frac{\overline{M}}{\Delta M} \tag{7-1}$$

例如：CO 和 N_2 形成的离子，分子量分别为 27.9949 和 28.0061，若某仪器能够刚好分开这两种离子，则该仪器的分辨率为：

$$R=\frac{\overline{M}}{\Delta M}=\frac{28.0005}{28.0061-27.9949}\approx 2500 \tag{7-2}$$

在实际测量中，并不一定要求两个峰完全分开，可以有部分重叠，一般最常用的是

10%峰谷定义，表示为 $R_{10\%}$。两个相邻质谱峰的质量为 M_1 和 M_2，规定两个峰的信号大小（峰高）相同，在两峰等高的情况下，意味着两峰以 5%的高度重合，它们峰谷相当于峰高的 10%，但在实际测量中，很难找到两峰重叠 10%的峰高，因此把分辨率 R 转换为：

$$R=\frac{M}{\Delta M}\cdot\frac{a}{b} \tag{7-3}$$

式中，a 为两相邻峰中心线之间的距离；b 为峰高 5%处的宽度。

10%峰谷分辨率见图 7-1。

一般 R 在 10000 以下的称为低分辨质谱，R 在 10000～50000 的称为中分辨质谱，在 50000 以上的称为高分辨质谱。低分辨质谱只能给出整数的离子质量数，高分辨质谱可给出拥有小数点后几位的离子质量数。

本实验通过分辨率的测定，理解质谱仪分辨率的意义。

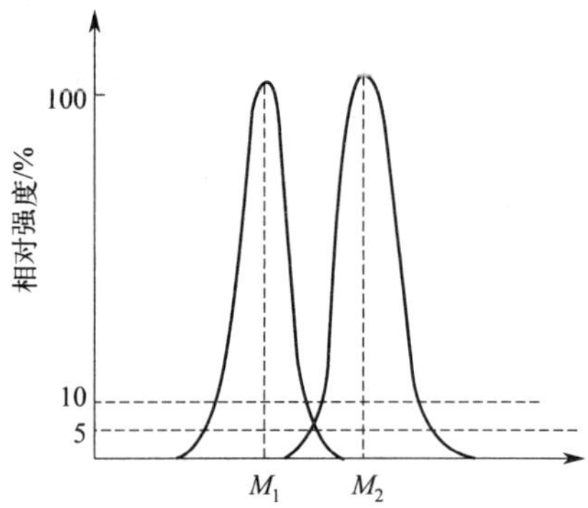

图 7-1　10%峰谷分辨率

三、仪器与药品

1. 仪器　高分辨质谱仪；电子轰击离子源。
2. 药品　甲苯和二甲苯混合液。

四、实验步骤

1. 电子轰击离子源为 70eV，离子源温度为 200℃，线性扫描的质量范围为 20～200amu。
2. 待真空度达到要求且仪器稳定后，将 1μL 二甲苯和甲苯的混合液进样，记录质谱图。

五、数据记录与处理

使用二甲苯和甲苯进行质谱仪分辨率的测量时，所用的离子质量为 92.0581（二甲苯，$^{13}CC_6H_7^+$，M_1）和 92.0626（甲苯，$^{13}CC_7H_8^+$，M_2）。根据记录的谱图得到甲苯离子峰的峰宽 b，以及二甲苯离子峰（$^{13}CC_6H_7^+$）与甲苯离子峰的峰距 a，代入式(7-3) 即可求得分辨率 R。

六、思考题

使用二甲苯和甲苯测量分辨率时，为什么选用二甲苯的 $^{13}CC_6H_7^+$ 离子峰？

实验二　正二十四烷的质谱分析

一、实验目的

1. 了解质谱图的构成及正构烷烃质谱图的主要特点，说明各碎片离子峰的来源；

2. 了解质谱仪的主要仪器结构和质谱法的工作原理。

二、实验原理

四极杆质谱仪的质量分析器叫四极滤质器，它由四根平行的棒状电极组成，在对角的电极上施加射频电压 $U_0\cos\omega t$ 和直流电压 U，形成四极场如图 7-2 所示，离子束穿过四根杆之间的准直小孔，在电场力的作用下，可使离子围绕其传播中心轴振动，只有具有一定质荷比的粒子才会通过稳定的振荡而进入离子检测器。改变 U、U_0，并使 U/U_0 比值恒定，便可以实现质量分离与扫描。

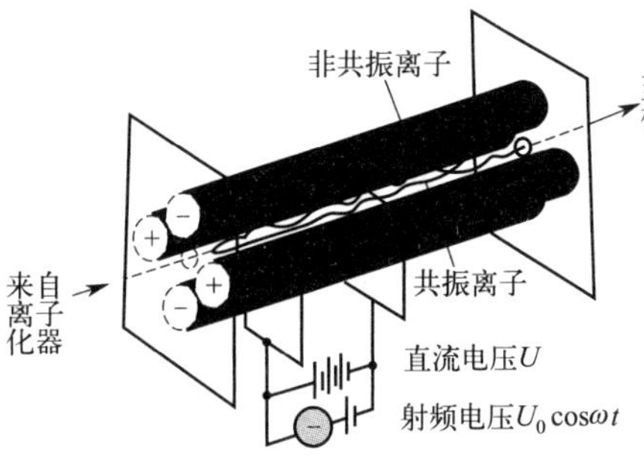

图 7-2　四极滤质器结构示意图

四极滤质器的主要优点是结构简单，体积小，质量轻，便宜，清洗方便，操作容易，只使用电场，便可实现快速扫描。缺点是分辨率不够高。

饱和脂肪烃经过电子轰击离子源，碎裂生成一系列奇数质量峰 $15+14n$，即 15、29、43、57 等，并以 $C_3H_7^+$、$C_4H_9^+$ 离子峰 $m/z=43$、57 最强。

三、仪器与药品

1. 仪器　四极杆质谱仪；电子轰击离子源。

2. 药品　正二十四烷（色谱纯）（白色片状结晶，分子量 338Da）。

四、实验步骤

1. 装入样品

将 2～4μg 正二十四烷固体样品放入直接探头进样杆的样品杯中，将样品杯固定在杯子支架上，然后将进样杆推入真空锁阀第一个“停止”处，此时进样杆上的卡口已进入真空锁阀的边缘槽里。抽净空气再慢慢打开球阀，当离子源真空度的读数小于 10^{-4} Mbar（1bar=10^5 Pa），再旋转真空锁阀边缘槽上的轴，使卡口对准闭锁柄的导入管，再缓缓平稳推进进样杆至第二个“停止”处，使探头顶端到位并与电离室入口密封，开动真空系统使电离室的真空度达 10^{-6} Torr（1Torr=1mmHg）。

2. 设定样品加热温度

将探头控温电缆线接至探头末端的五孔插座上，再调节探头，温度指示到所需的 250℃位置。

3. 实验参数设置

将扫描控制单元的主扫描速度调节为 20s 扫速下获线性扫描所需的质量范围（400amu）。发射电流 500μA，电子能量 70eV，离子源温度 200℃。

4. 获取质谱图

接通直接探头进样的电加热电源，升高探头温度，当达到样品蒸发分布最强处时，检测，记录质谱图。

五、数据记录与处理

1. 在质谱图上找出其中的分子离子峰和基峰。
2. 确定相对强度大于 50%的离子峰的结构式，这些相邻离子峰的质量数相差多少？其碎片离子峰的通式是什么？

六、思考题

1. 质谱分析对样品有什么要求？
2. 从质谱图上可以获得哪些信息？

实验三　有机化合物的基质辅助-激光解吸电离飞行时间质谱测定

一、实验目的

1. 了解基质辅助-激光解吸电离飞行时间质谱仪的原理及实验技术；
2. 掌握分析未知有机物分子量的方法。

二、实验原理

MALDI-TOF-MS（基质辅助-激光解吸电离飞行时间质谱，matrix assisted laser desorption ionization time of flight mass spectrometry）是近年来发展起来的一种新型的软电离质谱。基质辅助-激光解吸电离（MALDI）技术和飞行时间质量分析器的出现为分析合成高分子和生物大分子提供了良好的工具。

1. 飞行时间质谱（TOF-MS）

飞行时间质谱（time of flight mass spectrometry，TOF-MS）分析是利用动能相同而质荷比不同的离子在恒定电场中运动，经过恒定距离所需时间不同的原理对物质成分或结构进行测定的一种质谱分析方法。

TOF-MS 分析方法具体如下：样品在离子源中离子化后即被电场加速，假设离子在电场方向上初始位移和初始速度都为零，所带电荷数为 q，质量数为 m，加速电场的电势差为 V，则加速后其动能应为：$mv^2/2=qeV$，其中，v 为离子在电场方向上的速度。离子以此速度穿过负极板上的栅条，飞向检测器。离子从负极板到达检测器的飞行时间 t，就是 TOF-MS 进行质量分析的判据。飞行时间质谱分析技术的优点在于理论上对测定对象没有质量范围限制、响应速度极快以及灵敏度较高。

2. 基质辅助激光解吸电离（MALDI）技术

MALDI 技术解决了大分子生物分子的离子化问题。MALDI 是一个非常复杂的过程，其中涉及光学、力学现象及相变和电离的热化学、物理化学过程。由于 MALDI 技术采用紫外区的激光作激发光源得到了更好的灵敏度，而且可以显著增加对盐和常用缓冲液的包容性，样品的处理步骤能够更加简单。作为一种生物大分子的电离技术，MALDI 通常与无质量检测上限飞行时间质谱 TOF-MS 联用。

3. MALDI-TOF-MS 联用概述

MALDI-TOF-MS 的特点有：①可实现纳秒量级的瞬时记录，经过多次瞬时记录累加得到的质谱图，其信噪比得到了极大的改善；②具有高的离子流通率，因而获得高的灵敏度，仅需约 1pmol 的供试品即可测定，甚至能检测到离子化区的几个原子；③原则上没有分子量范围限制，目前可测定蛋白质的分子量已超过 100000Da；④对固体、液体表面分析，可以很好地控制离子化的位置或深度，分析时间大大缩短。

4. MALDI 基质的选择

基质作为 MALDI 研究的核心，影响着 MALDI 对分析物研究的发展。基质必须满足以下几个要求：①能够嵌入并分散被测物（如通过共结晶的方式）；②能与被测物共溶；③在真空下能稳定存在；④能吸收激光；⑤在激光照射下，能与被测物共解吸；⑥能促进被测物离子化。离子化是一个复杂的过程，取决于共结晶体系中样品和基质的物理化学性质。

三、仪器与药品

1. 仪器　基质辅助-激光解吸电离飞行时间质谱仪（德国布鲁克公司，micro flex LRF）；毛细管；滴管；离心管等。

2. 药品　有机溶剂（乙醇、乙腈、甲醇等）；待测有机物。

四、实验步骤

1. 制样。

将待测样品溶于适当溶剂中（应选择易挥发的溶剂）。

2. 点靶。

①混匀法：样品和基质按 1∶1 的比例在离心管内混合均匀，取 2μL 点靶，自然晾干。②覆盖法：取 1μL 样品，点靶，自然晾干；再取 1μL 基质，覆盖到样品上，自然晾干。

3. 进靶。

待样品干燥后，按绿色按钮或者单击软件左侧三角形图标出仓，待 ACCESS 绿灯亮时，打开样品室门，戴上 PE 手套或洗干净手，将靶板放入样品室，按绿色按钮或者单击软件左侧三角形图标进仓，待 ACCESS 绿灯时完成进仓。

4. 单击软件左侧 Select 选择合适方法，单击 Spectrometer 中 Switch on 加高压。

5. 单击 Start 开始测试，测试完毕后点击 Save as（保存）到 data（文件夹）中，使用 flex Analysis 处理数据。

五、数据记录与处理

1. 标注质谱图中各离子峰。
2. 根据质谱图中各离子峰，分析有机化合物的组成。

六、注意事项

1. 进样前务必确保靶板干燥，且没有固体颗粒。
2. 样品室应该一直处于关闭状态，即使取出靶板点样时也要关闭样品室门。
3. 测试完毕务必关闭高压，但不要关闭 flex Control 软件。

七、思考题

1. 为什么说 MALDI 是一种软电离技术？
2. 简述 MALDI 电离技术和电喷雾电离技术的不同。

实验四　质谱法分析三氧化硫脲的结构

一、实验目的

1. 了解离子阱质谱仪的原理及实验技术；
2. 掌握用离子阱质谱分析物质结构；
3. 了解 ESI 电离源的电离原理。

二、实验原理

离子阱质谱仪的质量分析器为离子阱。离子阱是由双曲线表面的中心环形电极和上下各一的端罩电极构成，中间形成一个室腔（阱），如图 7-3 所示。

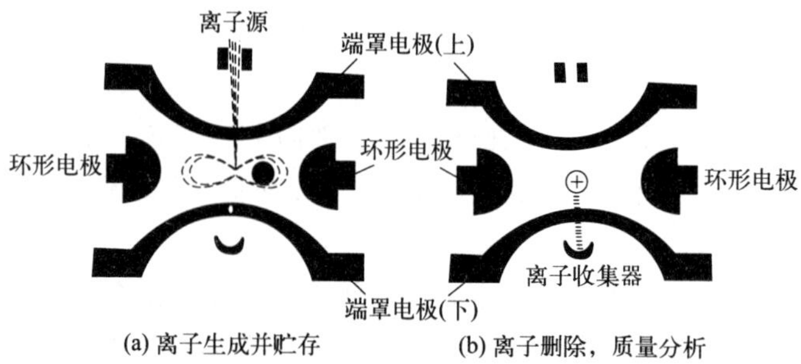

图 7-3　离子阱结构示意及工作原理

在环形电极上施加基础射频电压和直流电压；在端罩电极上加交流补充电压。由离子源产生的离子，通过脉冲离子门进入离子阱，进而调节射频电压和直流电压，离子可以稳定地贮存在离子阱中。离子阱中离子的数目可通过自动增益控制技术进行有效控制。离阱中离子数目太多，会引起空间电荷效应，导致电场的扭曲和整体性能的下降。离子阱中一般充入1mTorr的氦气，它有两个作用：一是碰撞“冷却”降低离子的动能，有效地捕获注入的离子；二是作为碰撞气体，从而产生多级MS。一个离子是否可稳定地贮存在阱中，取决于离子的质荷比、离子阱的大小（r）、谐振频率（ω）和环形电极上的电压幅度（V）。离子行为的依赖性被描述为多维参数q_z：

$$q_z = 4eV/(mr^2\omega^2) \tag{7-4}$$

阱中离子有个“稳定区域”，一个给定质荷比的离子将有一个q_z值，若落在稳定区的边界内，离子就被稳定捕获。若q_z落在边界外，则该离子会撞在电极上湮灭。通过扫描射频电压值（即从低到高加射频电压），可以使阱中离子的轨道依次变得不稳定，因此可从低m/z到高m/z依次将离子甩出阱外检测。对于高m/z的离子，用扫描射频电压无法使离子轨道不稳定，这时在端罩电极上加高幅的交流电压，如果交流电压频率与离子振荡频率一致，将会产生共振，离子振荡的振幅随时间线性增加，当振幅足够大时，离子将被甩出阱外。结合这两种方式还可分离出特定m/z的离子，比如扫描范围为50～1500m/z，若想分离出m/z=500的离子，则先扫描射频电压，使m/z 50～499的离子被甩出阱外；再依次改变交流电压频率，使m/z 501～1500的离子被甩出阱外，这样就分离出m/z=500的离子。若在端罩电极上加低幅的交电压信号，将使被分离出的离子产生共振激发，与氦气碰撞，产生结构碎片信息。

离子阱结构简单，性价比高，体积小，有利于仪器小型化，另外，离子阱的特有功能是容易产生MS^n，对分子的结构解析非常有用。此外，离子阱质谱仪可检测的最小样品量低，即绝对灵敏度高，为四极滤质器的10～1000倍。质量范围大。其缺点是得到的质谱图与标准谱图有一定的差别。

电喷雾电离（electronspray ionization，ESI）离子源，是一种软电离源，它的工作原理是在喷针针头与施加电压的电极之间形成强电场，该电场使液体带电，带电的溶液在电场的作用下向带相反电荷的电极运动，并形成带电的液滴，由于小雾滴的分散，比表面增大，在电场中迅速蒸发，结果带电雾滴表面单位面积的场强极高，从而产生液滴的“爆裂”，重复此过程，最终产生准分子离子。大多数情况下，形成的是带多电荷的离子。ESI离子源是液态电离方式，其对流速耐受有限；它可在常温下进行，所以ESI源是热不稳定化合物的首选；它可产生多电荷离子，有利于大分子化合物（如蛋白质和多肽）的分析；其适用于强极性化合物；灵敏度高。

本实验利用ESI和离子阱质谱仪分析三氧化硫脲的结构。

三、仪器与药品

1. 仪器　离子阱质谱仪（美国热电质谱公司）。
2. 药品　三氧化硫脲（自制）；高纯氮气；高纯氦气。

四、实验步骤

1. 质谱条件：采用ESI负离子模式扫描；喷雾电压为4.5kV，金属加热毛细管温度为

200℃；氮气作为鞘气和辅助气，鞘气流量为5psi（1psi=6894.757Pa）；碰撞池中碰撞气体为氦气，进行二级质谱实验时采用碰撞诱导解离模式（CID）获得化合物准分子离子的二级质谱，碰撞能量根据测试需要进行系统自动优化，质量检测范围为自动全扫描。

2. 质谱开机达到进样状态，打开工作站，依次点击工具栏进行扫描范围、扫描方式和设定，正负离子检测，数据采集时间和数据存储路径。

3. 配制好样品后，样品以4μL/min的速度由蠕动泵进入质谱仪。

4. 同时点击开始按钮，开始采集数据。

5. 样品运行完毕后点击浏览查看图谱，或者根据存储路径找到相应的文件，打开浏览。

6. 关机。

五、数据记录与处理

1. 记录实验条件。

2. 找到三氧化硫脲的一级质谱图和二级质谱图，对谱图上出现的离子峰进行标注。

3. 分析离子峰的形成原因，得到三氧化硫脲的结构。

六、注意事项

1. 质谱仪的真空度一定要达到仪器要求，否则不能进样。

2. 清洗时离子源一定小心操作。

七、思考题

1. 为什么ESI电离源得到的离子大多数是多电荷离子？

2. 解释离子峰124.12和81.0对应的结构。

第八章 热分析法

第一节 概述

热分析（thermal analysis）是在程序控制温度下，测量物质的物理性质与温度关系的一类技术，在加热或冷却的过程中，随着物质的结构、相态和化学性质的变化，通常伴有相应物理性质（包括质量、温度、热量以及机械、声学、电学、光学、磁学等性质）的变化，依此形成了相应的各种热分析测试技术。热分析技术种类很多，比较常用的方法有热重分析法（TG）、差热分析法（DTA）和差示扫描量热分析法（DSC）。

热重分析是在程序控制温度下，测量物质质量与温度关系的一种技术。热重法实验得到的曲线为热重（TG）曲线。TG 曲线以温度作横坐标，以试样的失重作纵坐标，显示试样的绝对质量随温度的恒定升高而发生的一系列变化。这些变化表征了试样在不同温度范围内挥发组分的挥发，以及在不同温度范围内分解产物的挥发。微商热重法（DTG）是对实验所得的 TG 曲线中温度或时间进行微分，得到一阶微商曲线，即质量变化速率，它更清楚地表明存在两个相邻失重阶段。热重分析常用于测定物质质量变化、热稳定性、分解温度、组分分析、脱水与脱氢等。

差热分析法是在程序控制温度下，测量物质与参比物之间的温度差随温度变化的一种技术。通过实验获得 DTA 曲线，根据曲线上吸、放热峰的形状、数量、特征温度点的温度值，即曲线的特定形态来分析试样及其热特性。差热峰包围的面积和反应热有函数关系，也和试样中反应物的含量有函数关系。因此可据此进行定量分析。

差示扫描量热法：通过对试样因热效应而发生的能量变化进行及时补偿，试样与参比物之间温度保持始终相同，无温差、无热传递，热损失小，检测信号大，灵敏度和精度大有提高。差热分析和差示扫描量热分析所得谱图或曲线中，其横坐标为时间或温度，做差热分析测量时，纵坐标为试样与参比物的温差，而做差示扫描量热分析时，纵坐标为试样池与参比池的功率差。

热分析仪器由程序温度控制器、炉体、物理量检测放大单元、微分器、气氛控制器、计算机数据处理系统等组成。程序温度控制器使试样体系在一定的温度范围内进行等速升温、降温或恒温。炉体部分的作用是使试样在加热或冷却时得到支撑。炉体温度最低为－269℃，最高可达 2800℃。炉体内均温区要大，加热时温度是否均匀对结果影响较大。物理量检测放大单元：热分析仪器必须能随试样温度的变化及时而准确地检测试样的某些物理性质。由于绝大多数被测物理量是非电量，且它们的变化往往又是很微小的，为了及时而准确地检测它们，需要把这些非电量转换成电量，加以放大，计算出被测参数。非电量转变为电量可以通过各种传感器来完成。物理量的检测系统是各种热分析仪器的核心，也是区分各种热分析仪器的本质部分，它的性能是衡量热分析仪器水平的一个重要指标。微分器是把非电量传感器的放大信号经过一次微分（导数），从微分（对时间）曲线中可以更明显地看出放大信号的拐点、最大斜率等。气氛控制器：热分析仪对试样所处的气氛条件有各种要求，因此，大多热分析仪都备有气氛控制系统。计算机数据处理系统是把采集来的数据进行各种滤波平滑，应用软件对标准物质进行温度校正、质量校正以及基线背景线的扣除等。利用应用软件可求取试样的焓变值、熔点、晶相转变温度、玻璃化转变温度、试样成分的组成、膨胀系数等。

热分析技术具有以下几个特点。①非破坏性：热分析技术通常基于样品的热性质来研究其性能和行为，不需要对样品进行物理或化学上的破坏，因此可以对原样品进行分析。②高灵敏度：热分析技术采用高精度的温度传感器和热功率计，能够精确测量样品的质量变化、温度变化和热效应，具有高灵敏度和高分辨率。③良好的重复性：热分析技术具有良好的可重复性，可以进行重复实验和比较分析，从而得到可靠的结果。④宽温度范围：热分析技术在实验上可以覆盖很宽的温度范围，从常温到高温甚至超高温，研究样品在不同温度下的热行为和性质。⑤复合技术：热分析技术经常与其他实验技术结合使用，如质谱分析、光谱分析和微结构观察等，可以提供更全面的样品信息。所以，热分析技术在材料科学、化学和生物医学等领域发挥着重要的作用。它不仅有助于了解样品的热性质和行为，还可以提供有关材料性能、反应机理等信息。

本章根据热分析四种方法设置了四种不同实验，包含经典的基础验证实验 DTA 热分析实验，以及 TG-DTA、TG-DTA-DTG 相结合的综合性实验，主要通过热分析实验的数据进一步获得其结构、热力学参数等。另外该部分还安排了具有学科特色的实验，硫化合物的热学性质分析以及复杂物质煤的热重分析实验。

第二节　实验部分

实验一　五水硫酸铜差热曲线的测定

一、实验目的

1. 掌握差热分析的基本原理；
2. 学习热分析仪的操作。

二、实验原理

差热分析法（DTA）是一种具有代表性的热分析方法，它是在程序控制温度下，测量试样与参比物（一种在测量范围内不发生热效应的物质）之间的温差与温度关系的一种技术。在实验过程中，可将试样与参比物的温差作为温度或时间的函数连续记录下来。由于试样和参比物的测温热电偶是反向串联的，所以当试样不发生反应，即试样温度和参比物温度相同时，相应的温差电势为0。当试样发生物理或化学变化而伴有热的吸收或释放时，则温差不等于0，相应的差热曲线上出现吸热峰或放热峰，典型的DTA曲线如图8-1所示。

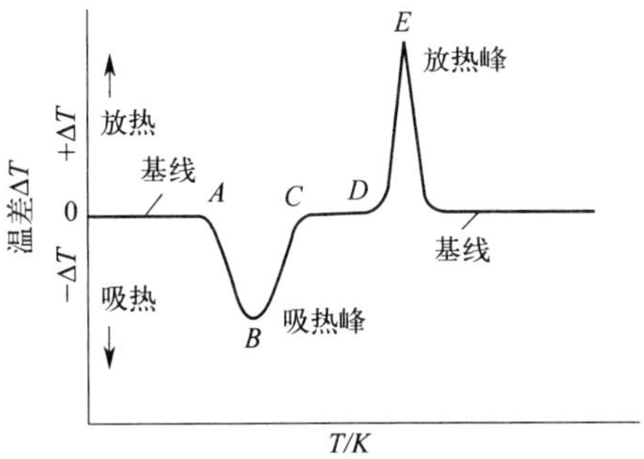

图8-1　典型的DTA曲线

基线相当于温差为零，试样无热效应；向上和向下的峰反映了试样的放热、吸热过程。DTA曲线的峰形、出峰位置、峰面积等受试样的质量、热导率、比热、粒度、填充的程度、周围气氛和升温速度等因素的影响。因此，要获得良好的再现性结果，必须对上述各点十分注意。

$CuSO_4 \cdot 5H_2O$ 俗称胆矾，是蓝色斜方晶体，在不同温度下可以逐步失水：

$$CuSO_4 \cdot 5H_2O \xrightarrow{373K} CuSO_4 \cdot 3H_2O \xrightarrow{423K} CuSO_4 \cdot H_2O \xrightarrow{523K} CuSO_4$$

可见，各个水分子的结合力并不完全相同。实验证明，四个水分子与 Cu^{2+} 以配位键结合，第五个水分子与 SO_4^{2-} 以氢键方式结合。因此，$CuSO_4 \cdot 5H_2O$ 可以写成［$Cu(H_2O)_4$］$SO_4 \cdot H_2O$，平面结构式如下：

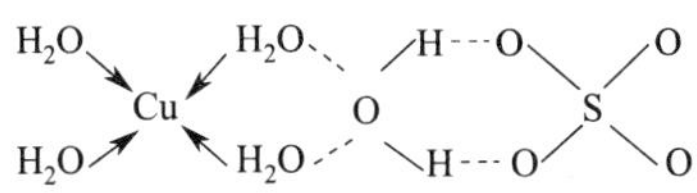

加热时，先失去 Cu^{2+} 左边的两个水分子，再失去右边的两个水分子，最后失去以氢键与 SO_4^{2-} 结合的水分子。

本实验以 α-Al_2O_3 作为参比物，记录 $CuSO_4 \cdot 5H_2O$ 的DTA曲线。从而考察其失去五分子结晶水的过程。

三、仪器与药品

1. 仪器　具有自动控制、自动记录功能的高温差热分析仪。
2. 试剂　$CuSO_4 \cdot 5H_2O$（分析纯）；α-Al_2O_3。

四、实验步骤

1. 将约1g $CuSO_4 \cdot 5H_2O$ 研成粉末，将试样均匀紧密地放入试样容器中。
2. 将 α-Al_2O_3 均匀紧密地放入参照容器中。

3. 将试样容器和参照容器放入炉中。

4. 在教师指导下开启仪器，在空气气氛下，以 12℃/min 的升温速率升温，记录 50～500℃范围内的 DTA 曲线。

五、数据记录与处理

1. 标出 $CuSO_4 \cdot 5H_2O$ DTA 曲线上的吸热峰和放热峰。

2. 标出 $CuSO_4 \cdot 5H_2O$ 失水峰的温度。

六、思考题

1. 提高和降低升温速率时，$CuSO_4 \cdot 5H_2O$ 的 DTA 曲线将如何变化？

2. $CuSO_4 \cdot 5H_2O$ 样品如不够纯或不够干燥，对实验结果会产生什么影响？

实验二　TG-DTA 研究水合草酸钙的失水与分解过程

一、实验目的

1. 掌握热重-差热分析原理以及仪器的操作方法；

2. 掌握水合草酸钙热重及差热分析方法，测量化学分解反应过程中的分解温度；

3. 结合 TG、DTA 和 DTG 曲线，推断水合草酸钙的失水与分解过程。

二、实验原理

热分析是物理化学分析的基本方法之一。综合热分析研究物质在加热过程中发生相变或其他物理化学变化时所伴随的能量、质量和体积等一系列的变化，可以确定其变化的实质或鉴定矿物。

水合草酸钙（$CaC_2O_4 \cdot H_2O$）在常温条件下具有很高的稳定性，基本不吸潮，这使它成为验证 TG 信号的理想材料。但是，$CaC_2O_4 \cdot H_2O$ 含有结晶水和草酸根，并且为碱土金属盐，加热容易分解。$CaC_2O_4 \cdot H_2O$ 在室温加热到 850℃的过程中存在 3 个失重过程。在 220～400℃时的第一阶段失重台阶为脱水过程，样品脱水之后转变为无水草酸钙。在 520～780℃时的第二阶段失重台阶是由 CO 的释放所致，代表从草酸钙向碳酸钙的转变。第三阶段失重台阶在 700°C 以上，碳酸钙分解，释放 CO_2，固体残余为氧化钙。

本实验利用 TG-DTG 方法研究 $CaC_2O_4 \cdot H_2O$ 随温度变化引起的失水、分解过程中的质量变化情况，推断其分解过程，并利用 DTA 曲线，分析每个过程的热效应。

三、仪器与药品

1. 仪器　DTA/DSC-TG 同步热分析仪；专用坩埚。

2. 药品　氮气（纯度 99.99%）；水合草酸钙（分析纯）。

四、实验步骤

1. 依次开启稳压电源、工作站、气体流量计、分析仪、电脑，打开氮气瓶，使其压力稳定在要求的数值。

2. 打开炉子，手动在左右两个陶瓷杆放入铝坩埚容器，关好炉子，在操作界面上调零，仪器便自动扣除了空坩埚的质量。

3. 打开炉子取出样品坩埚容器，将 5～10mg 的样品研成粉末放入坩埚容器。

4. 采用 10℃/min 的升温速度，在氮气（100mL/min）的保护下，用德国 NETZSCH 公司 STA409CDTA/DSC-TG 同步综合热分析仪在 20～1000℃测定样品的差示扫描量热曲线（DSC）和热重曲线（TG），对其进行热力学分析。

5. 仪器测定结束，依次关掉主机、工作站、气体流量计、稳压电源、电脑及氮气瓶。

五、数据记录与处理

1. 实验结束后，依次找到 TG、DTG 和 DTA 曲线。

2. TG 曲线标注（包括失重台阶标注、残余质量标注、失重台阶外推起始点标注）分析样品质量的损失。

3. DTA 曲线标注（包括峰温标注和外推起始反应温度标注）并分析样品的吸热峰和放热峰。

六、思考题

1. 实验中用铝坩埚作参比，那么对参比物的要求是什么？

2. 如何辨别反应吸热还是放热？为什么在加热的过程中，即使样品没有发生变化，差热曲线仍然会出现较大的漂移？

实验三　硫脲及其氧化物的热学性质分析

一、实验目的

1. 掌握热重和差示扫描量热分析法的基本原理；

2. 综合利用 TG、DTG 和 DSC 曲线，探究硫脲及其氧化物的热解动力学。

二、实验原理

硫脲及其氧化物在许多工业生产中都是重要的化工原料，并被广泛地用于提高涂层质量从而抑制腐蚀，它具有高反应活性，是合成可提取贵金属杂环化合物的优选产物。二氧化硫脲，也叫甲脒亚磺酸，在纺织工业中可作为一种高效的漂白剂，在许多高分子化学反应中是一种很好的引发剂。而三氧化硫脲，也叫甲脒磺酸，是一种非常方便的胍化试剂，它可以将简单的氨类物质转变为相应的胍的衍生物。除了它们的工业应用，硫脲及其氧化物在基础科学研究中也是重要的试剂。然而，关于硫脲及其氧化物的热学性质以及反应过程中的焓变等方面的影响作用探究较少，通过研究硫脲及其氧化物的热分解的反应机理和条件，可以更好地理解反应的本质。

三、仪器与药品

1. 仪器　DTA/DSC-TG 同步热分析仪；专用坩埚。
2. 药品　氮气（纯度 99.99%）；硫脲；二氧化硫脲；连硫脲。

四、实验步骤

准确称取 5～20mg 样品，置于样品专用坩埚中，加盖压封。以同样材质和大小的坩埚为参比。在室温至 1000℃，以 10℃/min 升温进行测量，详细步骤参考本章实验二。

五、数据记录与处理

1. 实验结束后，依次找到 TG、DTG、DSC 曲线。
2. 从热重线上分析样品质量的损失，从 DTA 曲线中分析样品的吸热峰和放热峰。
3. 用基辛格（Kissinger）方程对活化能等参数进行计算，得到化合物的热力学分解参数，为化合物稳定性评价和实际应用提供依据。

六、思考题

1. 实验中用同样材质和大小的专用坩埚作参比，那么对参比物的要求是什么？
2. 如何辨别反应吸热还是放热？为什么在加热的过程中，即使样品没有发生变化，差热曲线仍然会出现较大的漂移？

实验四　褐煤的热重分析

一、实验目的

1. 了解热重分析的仪器装置及实验技术；
2. 获得褐煤的热重曲线，解释曲线变化的原因。

二、实验原理

煤炭是我国的重要能源之一。褐煤，又称为柴煤，是煤化程度最低的矿产煤，是一种介于泥炭与沥青煤之间的棕黑色、无光泽的低级煤。其化学反应性强，在空气中容易风化，不易储存和运输，燃烧时对空气污染严重。褐煤的热稳定性是非常重要的检测指标，对其热稳定性的研究，有助于提高生产和使用效率。褐煤受热时，发生化学反应，质量也就随之改变，测定物质质量的变化就可研究其变化过程。

热重法（TG）是在程序控制温度下，测量物质质量与温度关系的一种技术。TG曲线以质量为纵坐标，从上向下表示质量减少；以温度（或时间）为横坐标，自左至右表示温度（或时间）增加。热重法的主要特点是定量性强，能准确地测量物质的变化及变化的速率。

本实验通过热重法研究褐煤的热稳定性和其分解的过程。

三、仪器与药品

1. 仪器　DTA/DSC-TG同步热分析仪；专用坩埚。
2. 药品　氮气（纯度99.99%）；褐煤。

四、实验步骤

准确称取5～20mg样品，置于样品专用坩埚中。以同样材质和大小的坩埚为参比。在室温至1200℃，以10℃/min升温进行测量，详细步骤参考本章实验二。

五、数据记录及处理

1. 根据得到的TG曲线，读出试样质量变化前后的值及其所对应的温度，计算出其变化值。
2. 分析曲线上质量变化的原因。

六、思考题

1. 要使一个多步分解反应过程在热重曲线上清晰可辨，应选择什么样的实验条件？
2. 影响质量测量准确度的因素有哪些？

第九章　表面分析法

第一节　概述

随着科学技术的迅速发展，固体表面与界面的表征已成为现代分析化学的重要任务，利用表面与界面分析的各种手段，可以得到重要化学过程的信息。例如它们可以提供腐蚀、物理吸附、化学吸附、氧化、钝化及反应性等信息；可以提供晶体或晶粒界面的微观形貌特征，以及可能存在的不规则性；能逐点给出 X-Y 平面区域高分辨率的元素组成，以及官能团与元素氧化态的分布状况、几何结构与电子结构等。

在表面分析中往往会涉及技术表面、界面与物理表面等术语。材料的最外层的热力学性质不同于主体，称为物理表面。材料的外层，性质不同于内部区域，称为技术表面。界面为两凝聚相的边界。在材料科学中，界面指两种固相的边界，当然在电化学中还存在固-液界面。物理表面最外层原子的键合力不饱和，因此它决定了材料表面的反应性。

表面分析是基于电子、光子、离子、原子、强电场、热能等与固体表面的相互作用，对一个原子层到几微米厚的物质表面层进行分析表征的技术的统称。表面分析技术利用探束或探针与样品表面的相互作用，测量从表面散射或发射的电子、光子、离子、原子、分子的能谱、光谱、质谱、空间分布或衍射图像，得到表面形貌、原子结构、化学组成、价态和电子态等信息。

表面分析大致分为表面形貌分析、表面成分分析和表面结构分析三类。

表面形貌分析指宏观几何外形分析，主要应用光学显微镜、电子显微镜、场离子显微镜、扫描探针显微镜等进行观察和分析。

表面成分分析包括表面元素组成、化学态及其在表层的分布测定等，主要应用 X 射线光电子能谱、俄歇电子能谱、电子探针、二次离子质谱和离子散射谱等。

表面结构分析指研究表面晶相结构类型或原子排列，主要应用低能电子衍射、光电子衍射、X 射线衍射、扫描隧道显微镜和原子力显微镜等。由于各种方法的原理、适用范围均有所不同，因而从不同层面给人们提供了认识微观世界的手段。

本章设置七个实验，涉及 X 射线衍射技术、X 射线光电子能谱、扫描电子显微镜、原子力显微镜、透射电子显微镜和扫描隧道显微镜。从不同的角度分析材料的表面形貌、表面成分和表面结构。

第二节　实验部分

实验一　X 射线衍射分析法测定二氧化硅的物相

一、实验目的

1. 了解 X 射线衍射仪的基本结构、工作原理和操作方法；
2. 初步学会粉末样品的制备及基本的测试过程；
3. 掌握利用 X 射线衍射谱图进行物相分析的方法。

二、实验原理

X 射线衍射（X-ray diffraction，XRD）是研究物质物相和晶体结构的主要方法。当一束单色 X 射线电磁波照射晶体时，晶体中原子周围的电子受 X 射线周期变化的电场作用而振动，从而使每个电子都变为发射球面电磁波的次生波源。所发射球面电磁波的频率与入射的 X 射线相一致。基于晶体结构的周期性，晶体中各个电子的散射波可相互干涉而叠加，称为相干散射或衍射。图 9-1 为 X 射线衍射形成示意图。

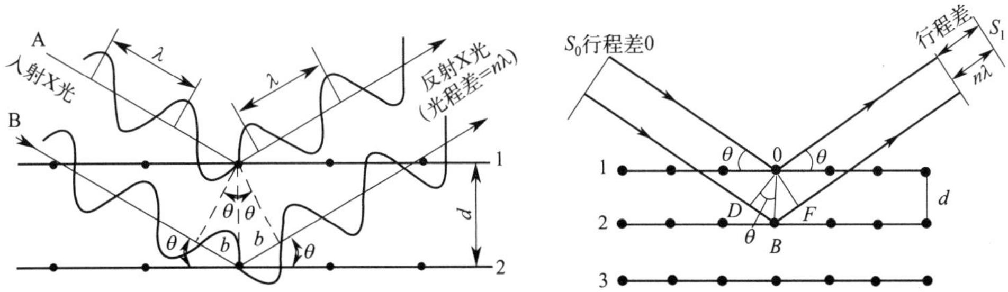

图 9-1　X 射线衍射形成示意图

X 射线衍射方向满足布拉格方程：$2d\sin\theta=n\lambda$。

根据布拉格方程，X 射线有以下两个应用。

1. 已知晶体的 d 值，通过测量 θ，求特征 X 射线的 λ，并通过 λ 判断产生特征 X 射线的元素。这主要应用于 X 射线荧光光谱仪和电子探针中，主要用于元素分析。

2. 已知入射 X 射线的波长，通过测量 θ，求面网间距，并通过面网间距测定晶体结构或进行物相分析。

每种结晶物质都有其特定的结构参数（包括晶体结构类型，晶胞大小，晶胞中原子、离子或分子的位置和数目等）。因此，不可能有两种不同的结晶物质给出完全相同的衍射花样。通过分析待测试样的 X 射线衍射花样，不仅可以知道物质的化学成分，还能知道它们的存在状态，即能知道某元素是以单质存在或者是以化合物、混合物及同素异构体存在。同时，根据 X 射线衍射实验还可以进行结晶物质的定量分析、晶粒大小的测量和晶粒的取向分析。

本实验通过 X 射线衍射对未知粉末进行物相分析。

三、仪器与药品

1. 仪器　布鲁克 D8ADVANCE X 射线衍射仪；玛瑙研钵；筛子；样品槽；玻璃片。

2. 药品　未知粉末样品。

四、实验步骤

（一）实验条件

1. 选择波长

用于粉末晶体的衍射线波长一般为 0.5～2.5Å，本实验中使用的为 Cu 靶。

2. 选择滤波片

滤波片选用 Ni，因为滤波片是用于吸收 Cu 的 K_β 线，而 Ni 的吸收限位于 Cu 的 K_α 和 K_β 之间且靠近 K_α 线。

3. 选择狭缝参数

在 X 射线衍射仪的光路中有五个狭缝：梭拉狭缝（两个）、发散狭缝、散射狭缝、接受狭缝。

a. 梭拉狭缝是用来限制 X 射线垂直发散度的，梭拉狭缝发散度的大小对强度和分辨率都有很大的影响，两只狭缝分别位于 X 光管之后和探测器前。

b. 发散狭缝是用来限制样品表面初级 X 射线发散度的，加大狭缝，分辨率降低但强度增加，可根据实际所需的测试要求进行调解。

c. 散射狭缝用来减少非相干散射及本底等因素造成的背景，提高峰背比，它与发散狭缝配对使用且角度相同。

d. 接受狭缝是用来限定进入探测器的 X 衍射线的。它位于衍射线的焦点，测量时如果主要为了提高分辨率，应该选择较小的接受狭缝。如果为了提高衍射强度，则应加大接受狭缝。

（二）实验过程

1. 样品制备

a. 测试对于样品粒径的大小并没有严格的要求，但是粒径过大或者不均匀会使谱图中峰的相对高度发生变化，导致在对比所得谱图与 PDF 标准卡时需要对衍射峰进行大量的排列组合。

b. 测试样品在装入样品板之前必须用毛玻璃将待测表面打磨至完全光滑，并且保证样品的表面与样品板相平。

2. 样品扫描

将样品板装入样品台，将门关闭，设定好控制程序，开始扫描，扫描期间面板工作指示灯亮起，此时不可强行打开门，否则会导致仪器强行停止损坏 X 光管。实验中 X 光管的高压值设定为 40kV，电流为 40mA，扫描的起始角（2θ）为 5°，终止角（2θ）为 80°。

3. 结果保存

扫描完成后，当工作指示灯熄灭时，表示测试完成，可以打开门，取出样品。在工作软件中进行数据处理，软件可以按照要求指示出谱图中峰的位置，标出各个峰的相对高度及 d 值，打印结果。

4. 利用标准 PDF 卡片对未知粉末进行物相分析

将所得的谱图与标准卡片进行对比，有时可能因峰的相对强度有偏差而在查找时要对三强线的顺序作出相应的调整。d 值的测量受到仪器状态及其他外在因素的影响，有一定的偏差，这也给查表过程带来了一定的难度。

五、数据记录与处理

测试完毕后，测试结果直接存入计算机硬盘可随时调用处理。原始数据经过背景扣除和曲线平滑处理后，标记各衍射峰的 d 值和它们的相对强度。

在衍射谱图数据库中找出二氧化硅的 PDF 卡片，然后把其中的 d 值和相对强度与样品的测试结果逐一进行比对，在实验误差范围内，若都能吻合，则确定未知样为卡片所对应的物质。

六、思考题

1. X 射线在晶体中衍射的二要素是什么？
2. 晶面指数是否等于衍射指数？它们之间的关系是什么？
3. 劳埃方程与布拉格方程可以解决什么问题？它们的本质是否相同？
4. 如何从一种晶体的多晶 X 射线衍射图上判断其属于立方晶系还是四方晶系？
5. 衍射宽化是由哪些因素引起的？

实验二　扫描电子显微镜观察水凝胶的网络结构

一、实验目的

1. 了解扫描电子显微镜的基本结构和原理；
2. 掌握扫描电子显微镜试样的制备方法；
3. 了解扫描电子显微镜的基本操作；
4. 熟悉水凝胶网络结构观测方法。

二、实验原理

扫描电子显微镜（scanning electron microscope，SEM）也称扫描电镜，是对样品表面形态进行测试的一种大型仪器。当具有一定能量的入射电子束轰击样品表面时，电子与元素的原子核及外层电子发生单次或多次弹性及非弹性碰撞，一些电子被反射出样品表面，而其余的电子则渗入样品中，逐渐失去其动能，最后停止运动，并被样品吸收。如图 9-2 所示，在此过程中有 99%以上的入射电子能量转变成样品热能，而其余约 1%的入射电子能量从样品中激发出各种信号，这些信号主要包括二次电子、背散射电子、吸收电子、透射电子、俄歇电子等。扫描电子显微镜就是通过这些信号得到讯息，从而对样品进行分析的。

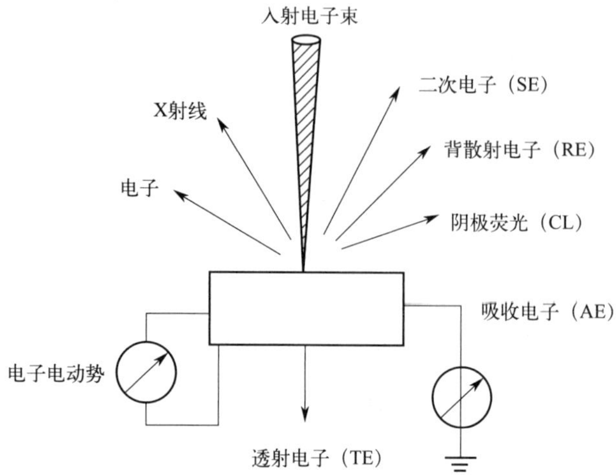

图 9-2 入射电子束轰击样品产生的信息示意图

这些信息的二维强度分布随试样表面的特征（如表面形貌、成分、晶体取向、电磁特性等）而变，是将各种探测器收集到的信息按顺序、成比例地转换成视频信号，再传送到同步扫描的显像管并调制其亮度，就可以得到一个反映试样表面形貌的扫描图。扫描电子显微镜的主要特征有如下几点。

1. 分辨本领强。其分辨率可达 1nm 以下，介于光学显微镜的极限分辨率（200nm）和透射电子显微镜的分辨率（0.1nm）之间。

2. 有效放大倍率高。光学显微镜的最大有效放大倍率为 1000 倍左右，透射电子显微镜为几百到 80 万，而扫描电子显微镜可从数十到 20 万，聚焦后，无需重新聚焦。

3. 景深大。其景深比透射电子显微镜高一个量级，可直接观察断口形貌、松散粉体。

4. 图像立体感强。改变电子束的入射角度，对同一视野可立体观察和分析。

5. 制样简单。对于金属试样，可直接观察，也可抛光、腐蚀后再观察；对陶瓷、高分子等不导电试样，需在真空镀膜机中镀一层金膜后再进行观察。能够直接观察大尺寸试样的原始表面。

6. 电子损伤小。电子束直径一般为三到几十纳米，强度为 $10^{-9} \sim 10^{-11}$ mA，远小于透射电子显微镜的电子束能量，加速电压可以小到 0.5kV，且电子束在试样上是动态扫描，并不固定，因此电子损伤小，污染轻，尤为适合高分子试样。

7. 能够进行动态观察，如动态拉伸、压缩、弯曲、升降温等。试样在样品室中的自由度非常大。

8. 可实现综合分析。扫描电子显微镜中可以同时组装其他观察仪器，如波谱仪、能谱仪等，实现对试样的表面形貌、微区成分等方面的同步分析。

扫描电子显微镜的试样要求是块体、粉末，在真空条件能保持性能稳定。在进行扫描电子显微镜观察前，要对样品作相应的处理，扫描电子显微镜样品制备的主要要求是：尽可能使样品的表面结构保存好，没有变形和污染，样品干燥并且具有良好导电性能。

三、仪器与药品

1. 仪器　Quanta 250 SEM；喷金仪；样品台；导电双面胶；冷冻干燥机；培养皿；镊子；剪刀；洗耳球。

2. 药品　水凝胶。

四、实验步骤

1. 制备样品

将水凝胶切成约 1cm 的小段，放入干净、干燥的培养皿中，贴上标签放入冷冻干燥机内，设置温度为 −70℃，真空冷冻干燥 8h 后取出。在 SEM 样品台上粘上导电双面胶，用镊子将干燥好的凝胶粘上去，轻压压紧，用洗耳球吹扫样品，无脱落现象即为合格。将样品放置在喷金仪上进行真空镀膜，控制膜层厚度为 20～50nm，即样品制备完成。

2. 放置样品

点击 Vent 按钮，右下角由绿色变成灰色。轻轻打开样品仓门，将处理完毕的样品固定于样品台上，精确测量高度后，放入样品仓，缓慢关上样品仓门。点击软件操作界面上的 PUMP 按钮，同时手扶样品仓门，抽真空至 10^{-3}Pa；在抽真空的同时，用鼠标中间的滚轮，将样品的高度升高至 10mm 线。

3. 观察样品

点击 Beam On 按钮，打开高压。单击左键激活四个观察窗口中的一个，点击 F6 开始扫描。在工具栏中选择合适的扫描速度和图片质量，建议在不影响观察的前提下尽可能快速扫描。用鼠标左键双击感兴趣区域，将感兴趣区域移动至观察范围正中，找到观察目标。按小键盘上“+”或“−”增大或缩小放大倍数，选择合适倍数；按住鼠标右键不放，左右移动聚焦，确定是需要的照片。

4. 数据采集

再次精细聚焦，在理想倍数的基础上继续放大，然后聚焦，再回到理想倍数，完成精细聚焦。在右边工具栏中调节 Contrast 和 Brightness 值，点击工具栏拍照，然后选择 File 中的“Save as”，将照片存在目的文件夹里。测试结束后，将图片上传至网盘。

五、数据记录与处理

计算水凝胶网络中每个网格平均面积大小：

$$S_{\text{net}}=\frac{S_{\text{t}}}{n} \tag{9-1}$$

式中　S_{net}——水凝胶网络中每个网格平均面积；

S_{t}——照片对应实际尺寸面积；

n——照片中网格总数目。

六、思考题

1. 为什么处理水凝胶样品时需要喷金？

2. 如果水凝胶冻干不彻底，会对样品观察造成什么影响（请从 SEM 工作原理角度进行解释）？

实验三　扫描电子显微镜用于金属材料的形貌分析

一、实验目的

1. 了解扫描电子显微镜的基本结构和原理；
2. 掌握扫描电子显微镜试样的制备方法；
3. 利用二次电子像对材料形貌进行观察；
4. 利用能谱对材料成分进行分析。

二、实验原理

扫描电子显微镜在加速高压作用下将电子枪发射的电子经过多级电磁透镜汇集成细小的电子束，在试样表面进行扫描，激发出各种信息，通过对这些信息的接收、放大和显示成像，对试样表面进行分析。

三、仪器与材料

1. 仪器　扫描电子显微镜。
2. 材料　铝粉；铜导线；导电双面胶等。

四、实验步骤

1. 样品制备

扫描电子显微镜的试样要求是块体或粉末。如含有水分，先干燥。当表面有氧化层或污物时，采用丙酮溶剂清洗干净。

块体试样的制备：若是导电试样，可直接置入样品室中的样品台上进行观察，样品台一般由铜或铝质材料制成。如果是非导电体试样，则需对试样喷一层约 10nm 厚的金、铜、铝或碳膜导电层。

粉末试样的制备：固定是关键，最常用的是胶纸法，即先把导电双面胶纸粘贴在样品台上，然后将粉末撒在胶纸上，吹去粘住的多余粉末。对不导电的粉体仍需喷涂导电膜处理。

2. 主要技术参数

高真空模式分辨率：3.0nm。低真空模式分辨率：4.0nm。放大倍数：5～300000。加速电压：0.5～30kV。低真空度：1～270Pa。

3. 实验过程

(1) 样品台上粘少量的导电双面胶，用角匙蘸取少量铝粉，并去除多余未粘在导电双面胶上的粉末；另一导电双面胶上固定剪去的一小段铜导线。

(2) 开启样品室进气阀放真空，将样品放入样品室；关好样品室，并对样品室抽真空，真空指示灯亮，表明真空状态准备好。

(3) 打开工作软件，加高压；将图像选区调为全屏，调节显示器对比度和亮度至适当位置；调节聚焦旋钮至图像清晰；调节工作距离，放大图像选区至高倍状态；消去 X 方向和 Y 方向的像散；选择适当的扫描速率观察图像，根据所需要求进行观察和拍照；将图像选区移至铜导线断口，调节以上各参数至获得清晰图像。

（4）开启能谱仪，对铜断口的析出相进行成分分析。

（5）实验完毕后，按要求取出试样，样品室抽真空。

五、数据记录与处理

利用照片上标出的比例尺等信息分析材料表面的形貌特征。

六、注意事项

1. 控制样品大小，固定好样品，避免样品脱落。
2. 样品必须是干燥的，磁性样品必须进行消磁处理。
3. 控制样品最高点与物镜的距离，避免碰撞。
4. 取放样品台时，避免碰撞和污染。

七、思考题

1. 简述扫描电子显微镜观察表面形貌的基本原理。
2. 说明扫描电子显微镜和光学显微镜的区别。

实验四　原子力显微镜观察单晶金球的表面形貌

一、实验目的

1. 了解原子力显微镜的结构和原理；
2. 掌握原子力显微镜观察表面形貌的方法；
3. 通过原子力显微镜的使用，了解纳米级微观世界。

二、实验原理

原子力显微镜（atomic force microscope，AFM）通过检测待测样品表面和一个微型力敏感元件之间的极微弱的原子间相互作用力来研究物质的表面结构及性质。将一对微弱力极端敏感的微悬臂一端固定，另一端的微小针尖接近样品，这时它将与其相互作用，作用力将使得微悬臂发生形变或运动状态发生变化。扫描样品时，利用传感器检测到的这些变化，就可获得作用力分布信息，从而以纳米级分辨率获得表面形貌结构信息及表面粗糙度信息。

接触方式分类及分析过程如下。

1. 接触式：利用探针和待测物表面的原子力交互作用（一定要接触）。此作用力（原子间的排斥力）很小，但由于接触面积很小，因此过大的作用力仍会损坏样品（尤其对软性材质），不过较大的作用力可得较佳分辨率，所以选择较适当的作用力十分重要。由于排斥力对距离非常敏感，所以较易得到原子分辨率。

2. 非接触式：为了解决接触式 AFM 可能破坏样品的问题，非接触式 AFM 被发展出来，其是利用原子间的长距离吸引力来运作，由于探针和样品没有接触，因此不存在样品被破坏的问题，不过此力对距离的变化非常小，所以必须使用调变技术来增加信号对噪声比。在空气中由于样品表面水膜的影响，其分辨率一般只有 55nm，而在超高真空中可得原子分辨率。

3. 轻敲式：将非接触式 AFM 改良，将探针和样品表面距离拉近，增大振幅，使探针在振荡至波谷时接触样品，样品的表面高低起伏，使得振幅改变，再利用接触式的回馈控制方式，便能取得高度影像。分辨率介于接触式和非接触式之间，破坏样品的概率大为降低，且不受横向力的干扰。不过对很硬的样品而言，针尖仍可能受损。

原子力显微镜通过检测样品与探针间的相互作用力来完成高分辨率成像。它具有以下特点。

(1) 检测样品的材质广泛，导体、半导体、瓷器、金属甚至是生物细胞等都可以作为检测对象。

(2) 制样简单不繁琐，甚至无需处理，只需对样品进行简单固定即可，省去了切片、脱水、染色、制片等复杂程序，不仅对样品破坏性小，而且节省检测时间。

(3) 适应于各种工作环境，液体、空气和真空甚至是生理条件下直接成像，而且可以对活体细胞进行实时动态观察；不论是常温还是低温等条件，原子力显微镜都能够正常工作，有助于使样品保持最佳状态。

(4) 能提供生物分子和生物表面纳米级分辨率的三维图像，还有局部的电荷密度和物理特性等精密细节。

原子力显微镜可以检测样品表面的粗糙程度、孔隙结构、颗粒度等，有助于了解物质的表面物化属性；除了对物体表面的观察外，应用原子力显微镜还能够得到该物质的晶体结构、分子聚集状态等一系列的信息，有助于了解物质的理化性征；此外，还可以利用探针与分子的结合程度来了解分子的拉伸弹性、空间结构等。

三、仪器与试剂

1. 仪器　原子力显微镜及配件；容量瓶；烧杯；金电极；铂电极；针管。

2. 试剂　五水合硫酸铜；氨水；硫代硫酸钠。

四、实验步骤

1. 实验预处理

购买的金丝在存放过程中表面难免吸附有杂质，这些杂质将会影响单晶金球的烧制过程，所以烧制前需对其进行预处理。取一段长为 60mm，直径 1mm，纯度为 99.999%的金丝放入比例为 1∶1 的混酸（$V_{硫酸}:V_{硝酸}$）中浸泡 6h，然后用镊子取出，用超纯水洗净。将金丝和带有金丝的玻璃棒在氢焰中烧结在一起，最后调节氢气，用于单晶金球的烧制。

实验需要严苛的洁净环境，将烧杯、反应池、镊子等放入比例为 1∶25 的清洁溶液（磷酸钾清洗剂∶H_2O）中，浸泡6h。然后用超纯水冲洗3次，接着用超声波清洗，最后用超纯水冲洗3次。与耐腐蚀的金丝、铂丝、铂环等放入混酸溶液中浸泡6h，以除去其表面杂质。取出后用超纯水冲洗3次，接着用超声波清洗，最后用超纯水冲洗3次。两者最后均在惰性气体氛围下进行干燥。AFM探针在使用前用超纯水冲洗，再用惰性气体吹干。

2. 溶液配制

首先用电子天平称取0.0126g五水合硫酸铜晶体，倒入洁净的烧杯中用二次水溶解，转移到50mL容量瓶中，然后通氮气除氧20min，接着依次加入350μL氨水、0.3992g硫代硫酸钠，最后加水至容量瓶刻度线。

3. 单晶金球的烧制

用镊子夹住金丝的一端，另一端放置在氢焰的外焰上，金丝受热逐渐熔融成液相，形成一个小液滴，在表面张力的作用下，小液滴逐渐长大成液球。当液球大小合适后，维持固液界面缓慢而又流畅地上下移动。最后将液球缓慢从氢外焰移出，液球自上而下缓慢地冷却，同时晶面也会自上而下地生长。冷却后，观察金球晶面分布，确认有8个Au（111）面在四周分两层均匀分布及1个Au（100）面在球正顶端分布。

4. 晶面定向

将金球安放在洁净的AFM反应池中，找一个靠近根部位置合适的Au（111）面，观察CCD中的图像，不断上下左右调整，至出现明亮的椭圆为止，此时说明该晶面已水平。

5. AFM仪器检测

（1）利用操作台上的"up"钮，抬升探针，拉开样品台与探针之间的距离。

（2）卸下样品台。将样品固定到样品台，然后装上样品台（利用专用镊子）。

（3）打开软件，选择相应探针模式。调整显微镜焦距，找到清晰的探针像。调整显微镜位置以及工作台位置，使探针位于图像的正中间。

（4）利用操作台上的"down"钮，使探针逐渐接近样品表面。按下软件里的"投入"钮，扫描样品表面图像。

（5）调整相应参数，获得清晰的图像，按下软件里的"保存"钮，保存相应的图像数据。

（6）按下软件里的"stop"钮，停止扫描，退出软件。利用操作台上的"up"钮，拉开样品台与探针之间的距离。

（7）卸下样品台，取下样品。关闭控制面板电源。

五、数据记录与处理

使用Mountains.exe-Shortcut与ipwin32.exe-Shortcut处理图像，分析单晶金球的形貌。

六、思考题

1. 扫图时出现噪声应该如何调节？
2. 图像有竖纹是因为什么？

实验五　二氧化硅自然氧化层超薄膜的 X 射线光电子能谱分析

一、实验目的

1. 掌握 XPS 的基本原理及用途；
2. 掌握 XPS 方法及其在定性鉴定上的应用；
3. 了解 XPS 的定量分析方法以及元素化学价态测定的方法。

二、实验原理

X 射线光电子能谱（X-ray photoelectron spectroscopy，XPS）可以给出固体样品表面所含的元素种类、化学组成以及有关的电子结构等重要信息，在各种固体材料的基础研究和实际应用中起着重要的作用。X 射线光电子能谱基于光电离作用，当一束光子辐照到样品表面时，被样品中某一元素的原子轨道上的电子所吸收，使得该电子脱离原子核的束缚，以一定的动能从原子内部发射出来，变成自由的光电子，而原子本身则变成一个激发态的离子。在 XPS 分析中，由于采用的 X 射线激发源的能量较高，不仅可以激发出原子外层轨道中的价电子，还可以激发出芯能级上的内层轨道电子，其出射光电子的能量仅与入射光子的能量及原子轨道结合能有关。因此，对于特定的单色激发源和特定的原子轨道，其光电子的能量是具有特征性的。当固定激发源能量时，其光电子的能量仅与元素的种类和所电离激发的原子轨道有关。因此，可以根据光电子的结合能定性分析物质的元素种类。经 X 射线辐照后，从样品表面出射的光电子的强度与样品中该原子的浓度有线性关系，可以利用它进行元素的半定量分析。光电子的强度不仅与原子的浓度有关，还与光电子的平均自由程、样品的表面光洁度、元素所处的化学状态、X 射线源强度以及仪器的状态有关。因此，XPS 一般不能给出所分析元素的绝对含量，仅能提供各元素的相对含量。由于元素的灵敏度因子不仅与元素种类有关，还与元素在物质中的存在状态、仪器的状态有一定的关系，因此不经校准测得的相对含量也会存在很大的误差。XPS 是一种表面灵敏的分析方法，具有很高的表面检测灵敏度，但是它提供的仅是表面上的元素含量，与体相成分会有很大的差别。而它的采样深度与材料性质、光电子的能量有关，也同样品表面和分析器的角度有关。

虽然出射的光电子的结合能主要由元素的种类和激发轨道所决定，但由于原子外层电子的屏蔽效应，芯能级轨道上的电子的结合能在不同的化学环境中是不一样的，有一些微小的差异。这种结合能上的微小差异就是元素的化学位移，它取决于元素在样品中所处的化学环境。一般来说，元素获得额外电子时，化学价态为负，该元素的结合能降低。反之，当该元素失去电子时，化学价态为正，XPS 的结合能增加。利用这种化学位移可以分析元素在该物质中的化学价态和存在形式。元素的化学价态分析是 XPS 分析最重要的应用之一。

XPS 有以下几个主要特点。

（1）可以分析除 H 和 He 以外的所有元素；可以直接测定来自样品单个能级光电发射电子的能量分布，且直接得到电子能级结构的信息。

（2）提供有关化学键方面的信息，即直接测量价层电子及内层电子轨道能级。而相邻元素的同种能级的谱线相隔较远，相互干扰少，元素定性的标识性强。

(3) 其是一种高灵敏超微量表面分析技术。分析所需试样约 10^{-8}g 即可，绝对灵敏度高达 10^{-18}g，样品分析深度约 2nm。

(4) XPS 不但可用于导体，而且可用于非导体。

本实验利用 XPS 分析技术测得各未知元素的原子轨道的特征结合能，从其结合能来鉴定未知元素的种类。利用元素浓度和 XPS 信号强度的线性关系进行定量分析。通过测得元素的结合能和化学位移，鉴定元素的化学价态。

三、仪器与药品

1. 仪器　X 射线光电子能谱仪。

2. 药品　带有自然氧化层的硅片；无水乙醇。

四、实验步骤

1. 清洗硅片

用无水乙醇清洗硅片，干燥。

2. 送样

将大小合适、带有自然氧化层的硅片固定在铜基底上，送入快速进样室，开启真空阀，待真空度达到要求，使快速进样室与分析室连通，把样品送到分析室内样品架上，关闭真空阀。

3. 调整参数并启动光源

通过调整样品台位置和倾角，使掠射角为 90°。待分析室真空度达到要求后，选择和启动 X 枪光源。

4. 设置仪器参数和数据采集

定性分析参数设置：扫描的能量范围为 0～1200eV，步长为 1eV/步，分析器通能为 89.0eV，扫描时间为 2min。

定量分析和化学价态分析参数设置：扫描的能量范围依据各元素而定，扫描步长为 0.05eV/步，分析器通能为 37.25eV，扫描时间为 5～10min。

五、数据记录与处理

1. 定性分析的数据处理：用计算机采集宽谱图后，首先标注每个峰的结合能位置，然后再根据结合能的数据在标准手册中寻找对应的元素，最后再通过对照标准谱图，一一对应其余的峰，确定有哪些元素存在。原则上当一个元素存在时，其相应的强峰都应在谱图上出现。一般来说，不能根据一个峰的出现来确定元素的存在与否。现在新型的 XPS 仪可以通过软件进行智能识别，自动进行元素的鉴别。但由于结合能的非单一性和荷电效应，软件自动识别也会出现一些错误的结论。

2. 定量分析的数据处理：通过定量分析程序，设置每个元素谱峰的面积计算区域和扣背底方式，由软件自动计算出每个元素的相对原子比例。也可依据计算出的面积和元素的灵敏度因子手动计算浓度。最后得出单晶硅片表面 C、O 和 Si 的相对含量。

3. 元素化学价态分析：利用上面的实验数据，在计算机系统上用光标定出 C 1s、O 1s 和 Si 2p 的结合能。依据 C 1s 结合能数据判断是否有荷电效应存在。如有，先校准每个结合能数据，然后再依据这些结合能数据，鉴别这些元素的化学价态。

六、注意事项

1. 严禁分析强磁样品。

2. 制备或处理样品时使用聚乙烯手套。

3. 禁止直接使用塑料容器、纸袋等盛放样品，避免样品表面污染。

4. 样品制备过程中尽可能避免人为污染，如手摸、吹气、长时间浸泡在溶剂里等，否则影响采集结果。

七、思考题

1. 在 XPS 定性分析谱图上，经常会出现一些峰，在 XPS 的标准数据中难以找到它们的归属，应如何解释？

2. XPS 的两项重要性能指标灵敏度、分辨率之间有什么相互关系？

实验六　扫描隧道显微镜测定石墨烯表面形貌

一、实验目的

1. 了解扫描隧道显微镜的结构和原理；

2. 掌握扫描隧道显微镜观察表面形貌的方法；

3. 学会扫描隧道显微镜的使用。

二、实验原理

扫描隧道显微镜（scanning tunneling microscope，STM）作为一种扫描探针显微术工具，可以观察和定位单个原子，它具有比其同类原子力显微镜更加高的分辨率。此外，扫描隧道显微镜在低温（4K）下可以利用探针尖端精确操纵原子，因此它在纳米科技方面既是重要的测量工具，又是加工工具。当原子尺度的针尖在不到一个纳米的高度上扫描样品时，此处电子云重叠，外加一电压（2mV～2V），针尖与样品之间产生隧道效应而有电子逸出，形成隧道电流。电流强度和针尖与样品间的距离有函数关系，当探针沿物质表面按给定高度扫描时，因样品表面原子凹凸不平，探针与物质表面间的距离不断发生改变，从而引起电流不断发生改变。将电流的这种改变图像化即可显示出原子水平的凹凸形态。

扫描隧道显微镜的工作模式有如下两种。

(1) 恒电流模式

利用一套电子反馈线路控制隧道电流 I，使其保持恒定。再通过计算机系统控制针尖在样品表面扫描，即使针尖沿 x、y 两个方向作二维运动。由于要控制隧道电流 I 不变，针尖与样品表面之间的局域高度也会保持不变，因而针尖就会随着样品表面的高低起伏而作相同的起伏运动，高度的信息也就由此反映出来。这就是说，STM 得到了样品表面的三维立体信息。这种工作方式获取图像信息全面，显微图像质量高，应用广泛。

（2）恒高度模式

在对样品进行扫描过程中保持针尖的绝对高度不变；于是针尖与样品表面的局域距离将发生变化，隧道电流 I 的大小也随之发生变化；通过计算机记录隧道电流的变化，并转换成图像信号显示出来，即得到了 STM 显微图像。这种工作方式仅适用于样品表面较平坦且组成成分单一（如由同一种原子组成）的情形。从 STM 的工作原理可以看到：STM 工作的特点是利用针尖扫描样品表面，通过隧道电流获取显微图像，而不需要光源和透镜。这正是得名“扫描隧道显微镜”的原因。

（3）其他工作模式

① I（Z）谱测量：通过改变针尖的高度得到的一系列隧道电流而形成的曲线。I（Z）谱可检测针尖的质量。

② I（V）谱测量：断开反馈回路，固定针尖位置，通过一系列不同的偏压下得到的隧道电流而形成的曲线。

③ 势垒高度图像：对针尖 Z 方向的压电管加一交流电压从而调制针尖与样品的距离，可根据调制的信号得到 $\mathrm{d}I/\mathrm{d}Z$ 在表面形成的图像。该图像提供了样品表面的微观功函数的空间分布。

④ 电子态密度图像：在扫描过程中，偏压 $\mathrm{d}V$ 以 $\mathrm{d}U$ 调制，从而得到调制后的隧道电流 $\mathrm{d}I$，这样 $\mathrm{d}I/\mathrm{d}V$ 在表面形成的图像就反映了样品表面的电子态密度分布。

三、仪器与药品

1. 仪器　扫描隧道显微镜及配件；容量瓶；烧杯；针管。
2. 药品　石墨烯。

四、实验步骤

1. 开启仪器，打开分析工作软件，选择分析方式和调节仪器参数。

2. 开始进针，进针前需观察样品固定座最前端螺丝是否脱扣，如脱扣则需手动旋转螺丝至合适位置，否则调节高度的螺丝不会旋转。

3. 进针完成后，出现观测界面；鼠标放在谱线位置，自动调节坐标范围。

4. 调节 integral gain 和 proportienal gain [p gain＝2～2.5i gain，使谱图波动不要太大，current scale 波动尽量小，最好上下在 50pA 之间（不同样品可能 current scale 范围不同），若改变扫速、扫描范围、偏压等，可能 current scale 会增大，需要再次调节 i gain 和 p gain]。

5. 调节 scansize，选择扫描范围，一般从小到大，若小范围图不好，则扫描大范围，得到好图后选择扫描较好的区域，再缩小范围。

6. 选择 offset 点击任意位置，改变要扫的区域（尽量选择可能出图地方），点 execute 执行，Xoffset、Yoffset 代表偏移初始扫描位置的距离。

7. 当扫出形貌时，逐渐调小 sample bias，即调节针尖到样品距离，可提高分辨率，对于石墨来说一般最低为 20mV（若样品不平整而 Vbias 过小，易撞坏针尖）。

8. 关机。

五、数据记录与处理

1. 记录仪器实验参数。

2. 利用照片上标出的比例尺等信息分析石墨烯的表面形貌、粒径和分散性；分析图像中晶面间距的归属。

六、思考题

1. i gain 和 p gain 应该怎么调节？

2. 包封时应该注意什么？

实验七　透射电子显微镜测定纳米二氧化钛的微观结构

一、实验目的

1. 掌握透射电子显微镜的基本原理，了解有关仪器的主要结构；

2. 学习利用透射电子显微技术观察分析物质结构的方法；

3. 掌握分析纳米材料微观形貌和结构测试结果的方法；

4. 掌握样品的制备方法。

二、实验原理

透射电子显微镜（transmission electron microscope，TEM）是以电子束为照明光源的显微镜。由于电子的德布罗意波长非常短，透射电子显微镜的分辨率比光学显微镜高得多，可以达到 0.1～0.2nm，放大倍数为几万到百万。因此，透射电子显微镜可以用于观察样品的精细结构，甚至可以用于观察仅仅一列原子的结构，比光学显微镜所能够观察到的最小的结构要小数万倍。

透射电子显微镜以高速运动的电子束为光源。在光学显微镜中，将可见光聚焦成像的是玻璃透镜；在电子显微镜中，具有相应电子聚焦功能的是电磁透镜。透射电子显微镜把经加速和聚集的电子束投射到非常薄的样品上，电子与样品中的原子碰撞而改变方向，从而产生立体角散射。散射角的大小与样品的密度、厚度相关，因此可以形成明暗不同的影像，影像将在放大、聚焦后在成像器件上显示出来。透射电子显微镜与扫描电子显微镜不同，它是用透过样品的电子束成像。由于电子波的波长远远小于可见光的波长，根据光学理论，电子显微镜的分辨本领大大优于光学显微镜。现代电子显微镜的最小分辨率已经达到 0.1nm。透射电子显微镜以波长极短的电子束作为光源，电子束经由聚光镜系统的电磁透镜聚焦成一束近似平行的光线穿透样品，再经成像系统的电磁透镜成像和放大，然后电子束投射到主镜筒最下方的荧光屏上而形成所观察的图像。

透射电子显微镜的主要应用：利用质厚衬度（又称吸收衬度）像，对样品进行一般形貌观察；利用电子衍射、微区电子衍射、会聚束电子衍射物等技术对样品进行物相分析，从而确定材料的物相、晶系，甚至空间群；利用高分辨电子显微术可以直接“看”到晶体中原子或原子团在特定方向上的结构投影这一特点，确定晶体结构；利用衍衬像和高分辨电子显微像技术，观察晶体中存在的结构缺陷，确定缺陷的种类、估算缺陷密度；利用 TEM 所附加的能量色散 X 射线谱仪或电子能量损失谱仪对样品的微区化学成分进行分析。

透射电子显微镜样品制备也非常关键，对于粉末样品，透射电子显微镜样品的厚度一般要求在 100nm 以下，如果样品比 100nm 厚，则先要用研钵把样品磨到 100nm 以下，然后将粉末样品溶解在无水乙醇中，用超声分散的方法将样品尽量分散，然后用黏附有支撑膜的铜网放在滤纸上，再将悬浮液滴在滤纸上，使试样附着在上面即可。截面样品在选择要观察的部位时，先在低倍立体显微镜下选择表面平坦、没有损伤的样品，不选样品的边缘。用线锯或解理刀把样品切成小块，使对角线不超过 3mm。然后用无水乙醇和丙酮超声清洗两次，每次 2～3min。最后将清洗后的样品从丙酮里捞出来，自然干燥后，面对面粘在一起固化后取出，用线切割机切成薄片，进一步机械减薄。薄膜样品在制备时，首先从大块试样上切割厚度为 0.1～0.3mm 薄片，然后对样品薄片采用机械减薄法（把切好的薄片一面粘在样品座底表面上，然后在水磨砂纸上研磨减薄至 30～50μm），最后采用双喷电解减薄法或离子减薄法减至 80～150nm，之后可直接装入电镜进行分析。

三、仪器与药品

1. 仪器　透射电子显微镜；超声清洗器；移液器。
2. 药品　TiO_2 纳米粉末；乙醇等。

四、实验步骤

1. 样品制备

（1）将纳米金属氧化物粉末（如 TiO_2）0.01g 加入 5mL 乙醇中，摇匀并置于超声清洗器中，超声处理 5～10min，形成具有较好分散性的胶体或悬浊液。

（2）用移液器吸取上述液体样品滴加到涂覆有碳支持膜的铜网上，晾干备用。

2. 样品电子显微镜观察

整个操作过程由多个步骤组成，分别在计算机的操作界面和手动面板上完成。

（1）先检查仪表和计算机屏幕显示的真空情况，要求主机镜筒内压小于 2×10^{-5}Pa。

（2）启动高压按钮，加高压 120 ⟶ 180kV，时间为 10min，等待 3min 后，再进行 180 ⟶ 200kV 的升压过程，时间为 10min。

（3）升压过程中，可将铜网小心装上样品杆，插入样品杆前检查主机工作参数显示屏上的相关参数条件，插入样品杆预抽真空，等待绿灯亮 10min 后完全插入样品杆，再过 2min 后加灯丝电流。

（4）试样观察分析：①小心移动样品台，观察分析试样；②选择合适的放大倍数、样品坐标和光亮度；③聚焦、CCD 拍照；④保存照片。

(5) 试样观察完毕后，将放大倍数设定在40K，束流聚焦在荧光屏中心，关掉灯丝电流，复位试样台坐标轴至“0”。然后小心拉出样品杆。务必注意：更换样品时，切记进行“归零操作”。

(6) 实验完毕后，先减高压至120kV，时间控制为5min，然后关闭高压。

五、数据记录与处理

1. 将由CCD相机获取的照片转化格式，然后用光盘导出。

2. 利用照片上标出的比例尺等信息分析纳米金属氧化物的形貌、粒径和分散性；分析高分辨图像中晶面间距的归属。

六、注意事项

1. 实验开始时，先确认真空系统状态和真空度。
2. 铜网固定至样品杆时，以防脱落。
3. 样品杆装入主机时，避免真空度降低。
4. 实验室尽量保持暗室环境。

七、思考题

1. 简述透射电子显微镜的基本构造。
2. 透射电子显微镜与扫描电子显微镜的区别有哪些？
3. 在科学研究中，TEM主要能解决什么问题？

第十章　联用分析法

第一节　概述

随着生命科学、材料科学和环境科学等的发展，复杂样品体系的分离、分析已成为分析化学的重要研究方向之一。要对复杂样品体系提供全面、准确的结构与成分表征信息，需要综合利用多种现代分离、分析方法。随着科学技术高度发展，先进的分析仪器不断涌现，每一类分析仪器在一定范围内都起到独特的作用，并且要求在一定的条件下使用。如色谱作为一种分析方法，其最大特点在于能将一个复杂的混合物分离为各自单一组分，但它的定性、确定结构的能力较差，而原子光谱、分子光谱、质谱和核磁共振谱等技术对元素分析和纯组分的结构确定是比较容易的。因此，将色谱、固相（微）萃取、膜分离等分离技术与结构鉴定仪器联用，可以得到一个完整的分析体系，从而获得丰富的信息与准确的结果。

20 世纪分析仪器联用技术主要为色谱与红外联用，色谱与质谱联用，热重与红外联用等。随着新物质的不断出现以及科技的进步，对分析工具的技术要求更高，又涌现出许多新的联用技术。如电化学与拉曼联用，色谱与电化学联用，电化学与质谱联用，色谱与电化学和拉曼联用，色谱与原子力显微镜联用，等等。未来仪器联用将发挥更重要的作用。

本章设置六个实验，包含的联用方法有气相色谱-质谱联用、液相色谱-质谱联用、电化学-拉曼联用、电化学-质谱联用、热重-红外联用。这部分实验来源于科研转化，属于综合创新型实验。

第二节　实验部分

实验一　固相微萃取联用气相色谱-质谱法快速分析水中痕量苯系物

一、实验目的

1. 了解固相微萃取法的样品前处理方法；

2. 熟悉气相色谱-质谱联用仪进行定性、定量分析的基本操作；

3. 掌握用气相色谱-质谱联用法测定水中痕量苯系物。

二、实验原理

样品前处理是分析检测的关键步骤，直接影响样品的分析检测时间和分析方法的灵敏度。传统的样品前处理如液-液萃取、固相萃取等方法费时费力，并消耗大量有机溶剂，易对环境造成二次污染，同时也会对分析测试人员的健康造成危害。固相微萃取（solid phase microextraction，SPME）技术是一种集采样、萃取、浓缩和进样于一体的，简便、快速、无溶剂消耗的新型绿色样品前处理技术。微型化的萃取形式使得采样过程非常便捷和迅速，并且对所萃取基质的干扰很小。

苯、甲苯、乙苯、二甲苯（benzene、toluene，ethylbenzene，*o*-xylene、*m*-xylene、*p*-xylenes）被广泛用于制造油漆、合成橡胶、农药和化学中间体等。苯系物（BTEX）的来源广泛，比如汽车尾气，建筑装饰材料中的有机溶剂（如油漆的添加剂，日常生活中常见的胶黏剂，人造板家具等）。BTEX 化合物会泄漏到土壤、沉积物和地下水中，造成环境污染。苯系物对生物体具有神经毒性和致癌性，会导致神经系统疾病或癌症。很多国家已把水中苯系物作为水环境常规监测的内容之一，并规定了严格的饮用水中苯系物浓度标准。因此，本实验针对水体中苯系物采用 SPME-GC-MS 方法进行定量检测。

SPME 装置主要由支撑层、涂层材料和保护层（非必要）组成，常用的商用探针采用的涂层材料有聚二甲基硅氧烷（polydimethylsiloxane，PDMS）、PDMS-二乙烯基苯（divinylbenzene，DVB）、聚乙二醇（polyethylene glycol，PEG）和聚丙烯酸酯（polyacrylate，PA）等。SPME 的核心部位就是 SPME 萃取涂层，可采用各种涂覆技术将涂层材料固定在石英纤维或不锈钢丝上制备成 SPME 探针。SPME 的工作原理是将固定在支撑载体上的微型萃取相直接暴露于样品体系，通过分析物的吸附或扩散作用进行萃取，当待测组分在样品基质和萃取涂层之间达到分配平衡时，固相萃取完成。

由于苯系物为易挥发性有机物，实验采用顶空萃取方式，将 SPME 探针涂层置于待测溶液液面上部的气相中。顶空萃取方式能有效避免探针涂层被基质干扰和污染。被萃取物的分析物的量 n 与分析物在样品中的初始浓度 c_0 成正比，这是 SPME 定量分析的基础。

本实验采用固相微萃取与气相色谱-质谱联用快速分析水中的 BTEX。

三、仪器与药品

1. 仪器　气相色谱-质谱联用仪 7890B-5977B（美国安捷伦公司）；电磁搅拌器 RET basic IKA SPME；商用探针。

2. 药品　甲醇（色谱纯）；苯；甲苯；乙苯；对二甲苯；商用 PDMS100 厚度 100μm；未知澄清水样。

四、实验步骤

1. 气相色谱-质谱仪器开机正常运行。

(1) 色谱条件　高纯氦气作为流动相，色谱柱：HP-5MS（30m × 0.25mmID ×

0.25μm）恒流；程序升温。

（2）质谱条件　溶剂延迟时间为0.5min；电离方式：EI，70eV，质量扫描范围（m/z）：50～300；测定方式：SIM。

2. 用去离子水配制浓度为100ng/L、500ng/L、1000ng/L、2000ng/L、5000ng/L、10000ng/L的BTEX标准溶液系列。

3. 将10mL去离子水加到20mL样品瓶中，分别加入1μL BTEX标准溶液系列，将样品瓶置于电磁搅拌器，用铁夹固定，设置一定的转速，将SPME装置的不锈钢管穿透瓶盖隔膜，插入样品瓶中，用铁夹固定SPME装置，使装置悬于样品液面上部空间，确保探针不插入水样；推手柄杆，伸出萃取头，使萃取涂层暴露于溶液上方，体系温度30°C，萃取10min；萃取完成后，缩回萃取头，取出不锈钢管。

4. 将不锈钢管插入气相色谱仪的进样口，推手柄杆，伸出萃取头，200℃热解吸解吸15s；解吸完成后，缩回萃取头，迅速取出不锈钢管，完成色谱进样；待仪器完成分析检测后，对目标物进行积分处理。

5. 未知水样经过滤处理后，采用SPME商用探针，同步骤3、4进行测定。

五、数据记录与处理

1. 记录实验固相萃取条件、色谱条件和质谱条件。
2. 以BTEX峰面积为纵坐标，BTEX浓度为横坐标作图，得到标准曲线。
3. 根据未知水样中BTEX的峰面积，在标准曲线上内插得到水中BTEX的含量。

六、注意事项

1. 必须严格按操作手册规定顺序进行开、关机程序。
2. 仪器通过调谐后才能进行样品分析。
3. 谱库检索结果并非定性分析的唯一方法，匹配度大小只表示可能性大小。

七、思考题

1. 本实验能否用氢火焰离子化检测器代替质谱检测器？为什么？
2. 质谱仪真空度不好会有什么影响？
3. 溶剂延迟的意义是什么？

实验二　煤萃取物的气-质联用分离与鉴定

一、实验目的

1. 掌握煤中有机质的溶剂萃取法以及萃取物质的分离与检测方法；
2. 了解研究煤结构和性能的实验方法。

二、实验原理

现代煤化学理论认为，煤是由空间网络构成的骨架结构，一些小分子与骨架发生作用，被“固定”在骨架上，或这些小分子自身相互作用形成较大的分子团“镶嵌”在网络骨架中，煤分子间相互作用力有较强的离子间力、π-π 作用力以及较弱的氢键和范德华力等。萃取过程通过溶剂来削弱这些分子间作用力，使煤中小分子有机质脱离煤骨架结构或使分子团解离而溶于溶剂中，溶剂萃取物的分析可采用 GC-MS、HPLC-MS 和 IR 等方法。

GC-MS 联用仪是由气相色谱仪、质谱仪、计算机和 GC 与 MS 之间的连接装置接口组成。气相色谱仪的功能是将多组分混合物分离成单组分。目前多采用毛细管柱气相色谱仪。质谱仪作为气相色谱仪的检测器，由计算机进行数据的采集、处理和操作。

GC-MS 联用技术关键在于两个问题：一是 GC 工作条件和 MS 的真空操作条件相匹配的问题；二是速度问题，要求在色谱各个峰的出峰时间内完成质谱鉴定。前者用接口来解决，后者用快速扫描来解决。理想的接口应能除去全部载气而使试样无损耗地从气相色谱仪传送给质谱仪。GC-MS 的接口有一般性接口和特殊性接口两大类。特殊性接口除了要做到使 GC 和 MS 的工作气压和流量匹配、试样传输产率高、浓缩系数大、延时短、色谱的峰形扩展小外，还要满足特种色谱仪（或特种质谱仪）的要求。一般性接口可分为三类：直接导入型、分流型和浓缩型，目前最常见的接口是毛细管柱直接导入接口、开口分流接口和喷射式浓缩接口。

GC-MS 目前已广泛地用于环境分析（如污水分析、大气中挥发性有机物分析、农药残留等）、法医毒品和兴奋剂检测、石油化工分析、食品分析、香料成分分析、中草药有效成分分析及有机化合物的鉴定。GC-MS 最大的优点是可用于混合物的快速分离和鉴定。

本实验采用连续回流提取法，用易挥发的有机溶剂（乙酸乙酯）加热提取煤中成分（用索氏提取器完成），分离出小分子化合物并进行 GC-MS 分析。

三、仪器与药品

1. 仪器　气相色谱-质谱联用仪 7890B-5977B（美国安捷伦公司）；索氏提取器；蒸馏装置；气相色谱进样针。

2. 药品　乙酸乙酯：分析纯；煤样。

四、实验步骤

1. 煤中小分子物质的萃取

称取煤样 2g，放入索氏提取器的滤纸套筒中，在圆底烧瓶中加入 120～130mL 乙酸乙酯，用电加热套加热，连续抽提 2h，待冷凝液刚刚虹吸下去时，立刻停止加热。收集残液。

2. 蒸馏

将提取液置于蒸馏烧瓶中，用电加热套加热，蒸出其中的乙酸乙酯。待烧瓶中只有约 1mL 液体的时候停止加热，倒出残留液，用于气相色谱-质谱分析检测。将抽余物置于真空干燥箱内 65℃ 干燥至恒重，密封保存待用。

抽提率： $$\theta=(m_1-m_2)/m_1 \tag{10-1}$$

式中，m_1 为原煤质量，g；m_2 为抽提后煤样质量，g。

3. GC-MS 对残液进行分离与鉴定

（1）开启 GC-MS 联用仪，抽真空，设置实验条件。

（2）气-质联用（GC-MS）对煤中提取的小分子化合物进行定性、定量分析。实验分析条件如下。

载气为 He，载气流速 1mL/min，进样口温度 260℃，进样量 0.1μL，分流比 100∶1。

柱箱升温程序：初始温度 50℃，以 10℃/min 升温至 100℃，保持 1min，然后以 8℃/min 从 100℃升温至 310℃，保持 2min。

质谱条件：溶剂延迟时间为 0.5min；电离方式为 EI，70eV；质量扫描范围（m/z）为 50～300。

（3）根据分析试样的质谱图进行定性分析。

（4）根据总离子流图的峰面积进行定量分析。

五、数据记录与处理

1. 记录气相色谱质谱仪的分析条件。
2. 对 GC-MS 谱图进行分析，得到煤样萃取物的组成和大致含量。

六、注意事项

1. 在煤样萃取时，注意滤纸套筒的套装，防止撒漏。
2. 注意 GC-MS 仪器的相关操作事项。
3. 在质谱图的检索时注意质谱条件。

七、思考题

1. 如何用 GC-MS 进行定量分析？
2. 本实验为什么选择程序升温分离各种混合物？

实验三　液相色谱-质谱联用分析二硫甲脒盐酸盐在水中的稳定性及分解产物

一、实验目的

1. 了解复杂化学反应动力学机理研究的一种方法；
2. 掌握液-质联用分离鉴定方法的基本理论和实验操作；
3. 掌握仪器的使用和实验数据的处理以及分析方法；
4. 培养学生的科技文献查阅能力以及自主设计实验方案的能力。

二、实验原理

在硫脲的氧化过程中，二硫甲脒是一种重要的硫脲氧化中间物。二硫甲脒又名连硫脲、双硫脲，在医药、农药、金属制板刻蚀、防腐及有机硫增白等方面有着广泛应用，同时也是很好的抗病毒药及杀菌剂。二硫甲脒盐不但是一种重要的反应中间体，而且常用作贵重金属的浸出剂。二硫甲脒或二硫甲脒盐酸盐在 pH 较大的水溶液中都不稳定，易分解产生硫脲和硫单质等。

HPLC 和 MS 的联用在有机混合物分析、药物及生物大分子分析中日益重要。HPLC-MS 联用技术已成为生命科学、医药学、环境科学和农业科学、化学化工领域中重要的技术之一。

HPLC-MS 联用仪一般由高效液相色谱仪、质谱仪、计算机和 HPLC 与 MS 之间的连接装置接口组成。HPLC 的功能是将多组分混合物分离成单组分。质谱仪作为 HPLC 的检测器使用。计算机用于操作和控制仪器以及数据的存储和处理。

HPLC 与 MS 联用的关键在于接口。与 GC-MS 相比，HPLC-MS 的衔接更为复杂。首先是高效液相色谱体系的高压与质谱高真空的矛盾。其次是如何除去液相色谱的流动相不使它进入离子源。为解决这两个问题，前后至少提出了 27 种以上的接口，但到目前为止能够商品化或在一定程度上使用的只有热喷雾（TS）、离子束（PB）、连续流动快速原子轰击（CFFAB）、大气压化学电离（APCI）和电喷雾电离（ESI）。值得注意的是，目前几种最流行的 HPLC-MS 技术中，接口同时兼有使分析物电离的功能。因此，在 HPLC-MS 中，“接口”的含义不仅是 HPLC 与 MS 的连接，还常用于表示一种 HPLC-MS 技术，或与此对应的整套设备。

电喷雾电离（ESI）既是 HPLC-MS 的接口，又可作为质谱的电离源，是一种软电离源。ESI 产生的多电荷离子对某些极性化合物电离的高效率（对蛋白质接近 100%）及软电离等特性，质谱在分析极性化合物（包括溶液中的离子）、易热分解化合物和高分子量化合物方面成为最有效的工具之一。ESI-MS 谱图主要给出与准分子离子有关的信息，如 $[M+H]^+$、$[M+Na]^+$、$[M+nH]^{n+}$、$[M-H]^-$ 等。

实验通过 HPLC-MS 联用定性分析二硫甲脒盐酸盐在水解过程中生成的产物。根据水解过程中生成的各物质的离子峰的大小进行定量分析，得到水解过程中各中间物的浓度随时间的变化关系图，并进行动力学分析，获得相应的动力学参数。

三、仪器与药品

1. 仪器　高效液相色谱-质谱仪；恒温振荡器；紫外分光光度计。

2. 药品　硫脲；二硫甲脒盐酸盐；二氧化硫脲；盐酸；（分析纯）氢氧化钠（分析纯）；四丁基硫酸氢铵；甲醇（色谱纯）；pH 为 3.00 的缓冲溶液。

四、实验步骤

1. 查阅相关文献，了解二硫甲脒盐酸盐的基本性质、在水中的稳定性及可能产生的中间体和产物。用紫外分光光度计对这些物质进行紫外范围波长扫描，确定其紫外吸收范围，为液相色谱紫外检测器检测波长的选择提供依据。

2. 高效液相色谱-质谱仪正常工作。工作条件：色谱柱为 C_{18} 柱，流动相为甲醇-2.5mmol/L 四丁基硫酸氢铵水溶液（体积比 5：95，用盐酸调节到相应的 pH），检测波长为 214nm，流速

0.5mL/min，柱温 25℃。

质谱条件：ESI，电喷雾电压 3kV，毛细管温度 350℃。

3. 将接近 100mL pH=3.00 的缓冲溶液加入到容量瓶中，称取一定量的二硫甲脒盐酸盐加入上述容量瓶中，配成确定初始浓度的反应液，定容后先进样。然后将反应液放入 100mL 反应器中并置于（25±0.1)℃的恒温振荡器中恒温，每隔一定时间抽取反应液并用 0.2μm 的微孔过滤膜过滤，后通过手动进样器满环进样，定量环为 10μL 进行分析，得到反应液在不同时间的色谱曲线或总离子流图。首先对水解反应过程中产生的各种物质进行定性分析，然后根据各物质的峰面积进行定量分析，最后得到了二硫甲脒盐酸盐在水解反应过程中的产物，以及它们的浓度随时间的变化。

五、数据记录与处理

1. 记录实验色谱-质谱的工作条件。
2. 根据各物质的质谱图定性分析。
3. 根据质谱图和标准物质的色谱图对物质进行定性分析。
4. 在动力学分析的过程中，根据各物质的谱图峰面积以及标准曲线定量分析各物质的浓度。
5. 以时间为横坐标，物质浓度为纵坐标，绘制各物质浓度动力学曲线。

六、思考题

1. 试述 GC-MS 和 HPLC-MS 的适用范围及优缺点。
2. 在 GC-MS 和 HPLC-MS 的分析中，电离方式不同，质谱图中的离子峰有什么特点？

实验四　乙醇电氧化的原位电化学拉曼分析

一、实验目的

1. 通过传统电化学和现代分析技术的结合，掌握原位电化学高温拉曼光谱的使用方法；
2. 分析拉曼光谱曲线，结合传统电化学循环伏安曲线，追踪中间产物的变化规律，推测乙醇电氧化的反应机理。

二、实验原理

直接乙醇燃料电池（DEFCs）是一种以乙醇作为燃料且污染小的电化学装置，涉及化学能和电能之间的相互转换，可以用于便携式电子设备，并有望作为电动汽车动力源。乙醇是一种很有潜力的替代燃料，易于从可再生资源中生产，成本低，能量密度高（8.0kWh/kg)，运输方便且易于存储。

燃料电池的重要特性，如电化学性能、实用效率，主要取决于电极材料的电化学性能。事实上，乙醇的部分氧化显著降低了 DEFCs 的应用性能。为充分利用乙醇的高能量密度，实现 DEFCs 的高效率，需要断裂乙醇碳-碳键，完全电氧化。目前，对 DEFCs 中乙醇的电氧化反应（EOR）机制的认知仍不充分。因此为了设计低成本、高效和高活性的电催化剂，应该进行更多的基础研究来了解这些电极材料在燃料电池中的作用机理，对电化学反应过程中产生的中间体和产物进行研究和量化将是燃料电池发展的关键。

随着激光技术的不断发展，拉曼光谱仪性能越来越完善。随着光纤耦合拉曼光谱仪的研发成功，拉曼光谱仪可以进行工业在线和远距离原位在线分析。总之，发展的拉曼光谱仪可以提供更多的信息，为各学科的发展提供了强有力的研究手段。

近两年，实现了拉曼与其他多种微区分析测试仪器的联用，其中有：拉曼与扫描电子显微镜联用（Raman-SEM）；拉曼与原子力显微镜、近场光学显微镜联用（Raman-AFM/NSOM）；拉曼与红外联用（Raman-FTIR）；拉曼与激光扫描共聚焦显微镜联用（Raman-CLSM），这些联用的着眼点是微区的原位检测。通过联用获得更多的信息，并提高信息的可靠度。因此，国外的一些研究单位已经开始关注拉曼光谱仪和这些不同仪器的联用。这无疑开拓了新的发展方向，推动了科学研究工作向更深更广的方面发展。

而通过原位反应池将电化学工作站与拉曼光谱仪联合起来，进行电化学反应的原位拉曼光谱的检测也是电化学发展的一大方向，其给予了反应中间体一个明确的信号检测，为机理分析提供了直接的光谱证据。

三、仪器与药品

1. 仪器　Horiba HR Evolution 原位电化学高温拉曼光谱系统；Auto Lab 电化学工作站；超声仪等。

2. 药品　乙醇（分析纯）；高氯酸（分析纯）；超纯水；纯 N_2（99.99%，徐州市特种气体厂）。

四、实验步骤

1. 实验准备

（1）普通电化学反应池

采用传统三电极体系，可以通过测量工作电极与辅助电极之间的电流和工作电极与参比电极之间的电势差而实现控制和测量工作电极上的电流和电势变化情况。普通电化学实验和前期的电极 H_2SO_4 预处理采用三电极体系。采用体积为 200mL 的双层正方体石英电解池，内径为 10.0cm，厚度为 1.0cm，通入循环水保持恒温条件，实验温度保持在（20±0.3）℃。

（2）原位电化学池

原位反应光谱池规格：厚度 20mm，直径 54mm（池体部分），质量 110g（不包含底座）。

反应池首次使用或者更换反应体系前需要进行拆卸清洗，使用时按步骤装配好。用完后在去离子水中加热沸腾 5～10min，再用去离子水超声 2 次，每次 3min，最后用去离子水冲洗，晾干备用。

（3）电极的制备

工作电极：将直径为 2mm 的铂盘电极在抛光机上依次用 6μm、3μm 和 0.5μm 的 Al_2O_3 抛光液进行抛光，直至抛光至镜面状，用去离子水冲洗干净，再浸泡于去离子水超声清洗 5min，反复 2～3 次，最后将电极表面吹干。将制备好的铂纳米粒子溶液超声 5min，用移液枪移取 3μL 滴至电极表面，自然晾干，备用。

参比电极：可逆氢电极由两段玻璃管组成，以磨砂接头相连，上端放入长度为 3cm 的铂丝，玻璃管内部的铂丝缠绕少量铂网，烧结密封，下端放入长度为 1.5cm 的铂丝，烧结密封。在两段玻璃管中充满 0.50mol/L 的 H_2SO_4 溶液，然后将上端玻璃管连上稳压电源的负极作为阴极，正极用铂丝充作阳极，将电压设为 5V，接通电源，电解 5min，产生一定量的 H_2，使螺旋形铂丝一半浸没在 H_2SO_4 溶液中，一半处于 H_2 中。取出上端玻璃管，插入到下端玻璃管中，从而形成可逆氢电极，注意不要有空气进入。

辅助电极：辅助电极是由直径为 0.5mm 的铂丝做成的直径约为 4cm 的圆环，平行置于距离工作电极表面约 1.5cm 处，以保证工作电极表面的电场均匀。

2. 电极的活化

采用传统电化学对电极进行表征和清洁活化处理。取 50mL 0.50mol/L 的 H_2SO_4 溶液置于普通电化学池中，向电解液通入纯 N_2 25～30min，消除电解液中溶解氧对实验的影响，在实验过程中保持电解液处于氮气氛中。

打开 Auto Lab 电化学工作站，将电极夹加到对应的电极上，然后打开软件 NoVa2.1，在 procedure 中找到 CV Linear Scan，选择此程序，将扫描电位区间设为 0.05～0.8V vs. RHE，扫描圈数设为 50 圈，扫速 0.05V/s，记录得到电化学的伏安曲线。

3. 原位电化学高温拉曼光谱系统的校准

由于温度和湿度的变化，拉曼谱峰峰位会有差异，使用仪器前需对峰位进行校准。峰位校准以单晶硅的一阶峰（520.7cm^{-1}）作为参考峰位来进行。需要注意的是，调换衍射光栅后需再次对仪器进行校准。

在校准之前，确保用于校正的激光器已打开，并至少预热 10min，使激光器达到稳定状态。峰位校准分为手动峰位校准和自动峰位校准，峰位校准前需要对样品进行聚焦。

4. 乙醇电催化氧化反应的动力学监测

（1）乙醇电化学循环伏安曲线测定

取 50mL 0.5mol/L $HClO_4$ 溶液置于传统电化学池中，将电极一一连接好后，打开电化学工作站，选择 CV Linear Scan，将扫描电位区间设为 0.05～0.85V vs. RHE，扫描圈数设为 10 圈，扫速 0.05V/s，记录得到电化学伏安曲线。

配制 50mL 0.01mol/L 乙醇+0.5mol/L $HClO_4$ 溶液，选择 CV Linear Scan，将扫描电位区间设为 0.05～0.85V vs. RHE，扫描圈数设为 10 圈，扫速 0.05V/s，记录得到乙醇电氧化伏安曲线。完成后，将工作电极取出，冲洗干净再次进行活化，除去吸附在电极上的氧化产物。

（2）原位拉曼光谱测定

组装好原位拉曼电化学池，插入电极，移取 3.5mL0.01mol/L 乙醇+0.5mol/L $HClO_4$ 溶液，放到测试平台上。打开 532nm 的激光器，聚焦完毕后设置采谱范围 200～3000cm^{-1}，采集时间 60s，RTD Times 为 60s。通过电化学工作站设置恒电位，从 0.05V 到 1.35V，每隔 0.1V 设置一个恒电位，每次时长 400s。恒电位扫描开始后，开始拉曼采谱，每个电位下采集一张拉曼光谱。光谱实验完成后，可获得不同电位下的拉曼光谱。

五、数据记录与处理

1. 数据处理。获得不同电位条件下的光谱曲线后，采用 LabSpec6 软件进行扣背底、标峰位。

2. 机理分析和曲线模拟。根据拉曼光谱谱带归属推测中间产物。分析拉曼光谱随电位的变化，根据谱带的变化推测中间物质的产生或消失，结合循环伏安曲线提出合适的反应机理。

六、注意事项

1. 激光器使用时要预热至少 10min，打开 1h 后方可关闭。

2. 向拉曼电化学池注入溶液时，注意石英玻璃与电极之间不要留有气泡。

3. 光谱测试过程中，激光强度选取时注意不要过高。

4. 连续使用白光灯时，不要连续开关，暂时不用时不需关闭，调至最小亮度即可。

5. 实验中使用的水均为超纯水。

七、思考题

简述拉曼光谱与红外光谱的区别。拉曼光谱适合哪些分子的反应动力学分析？

实验五　微分电化学质谱测定铜电极二氧化碳电还原反应过程中的产物

一、实验目的

1. 了解微分电化学质谱的应用；

2. 掌握微分电化学质谱对铜电极二氧化碳电还原反应过程中产物的追踪。

二、实验原理

电化学还原将二氧化碳转化为纯净的含氧烃类燃料，可有效地减少大气中的二氧化碳，但产品的选择性依赖于电极。在二氧化碳还原中，铜是一种能产生多种还原产物的催化剂。目前铜的能源效率最高可达 40％。产品分布的多样性也是一个不利因素，因为产物的专一性就很难实现。因此需要对二氧化碳还原机制进行探究，以便更好地实现产物高效专一的制备。在原子水平上，需要系统地结合非原位、原位和工况技术，在还原反应之前、期间和之后对电极的原始和修饰的表面监测，包括反应产物分布的分析，每个反应途径前体状态的表面中间体的识别。使用微分电化学质谱，可以在线测量各种物质的反应，同时改变电位，跟踪反应过程中中间产物的形成和消耗，更好地理解二氧化碳还原选择性的机制。

微分电化学质谱常用的电离方式是电子束轰击（electron beam impact/ionization，EI）电离，通过此方式，分子在电子束的轰击下会得到一系列不同的碎片离子，分子的裂解情况与待测分子的分子结构、化学键键能以及仪器的参数（主要是电子束能量）等因素有关，对于确定的分子，使用相同能量的电子束轰击，一般能得到质荷比分布基本一致的谱图。因此，对产物进行定性时可以参考标准谱图库里的数据进行对比。

微分电化学质谱一般通过疏水型的多孔膜将溶液与真空腔隔开，因此，只有在反应过程中形成的气态或挥发性物质才能透过多孔膜进入真空腔，而液态和固态物质被阻挡在外。相比其他的产物检测技术，微分电化学质谱最明显的一个优点在于能够连续观测产物随反应时间的变化。在 CO_2 还原过程中，铜电极在长时间电解后出现失活的现象，但是以往的方法多是通过色谱等手段检测电解不同时间后得到的产物分布情况，从而推测失活的原因，但是运用微分电化学质谱，可以连续检测各产物的分布以及产量随反应时间、反应电位的变化情况，从产物分布的变化可以推测其失活的主要原因。此外，微分电化学质谱是在线检测电极/溶液界面的产物，相比其他的检测手段，能够检测反应过程中产生的一些稳定性较差的物质。除了以上这些优势外，相比 GC 只能检测气态产物而言，微分电化学质谱能够检测的产物范围要更宽，一些挥发性的醇、醛及酮类物质都能被质谱检测到。相比核磁共振氢谱，质谱的灵敏度更高，如果使用核磁共振氢谱，可能需要放大 100 倍才能够被观测到，所以在使用核磁共振氢谱检测产物时通常需要增大电极面积和延长电解时间，让最终产物的浓度足够大。另外，利用质谱自身的特性，可以设计一些同位素实验来研究 CO_2 的还原机制。

三、仪器与药品

1. 仪器　Pfeiffer Vacuum 质谱仪；CHI660E 辰华电化学工作站；电化学微分薄层电解池；电子天平；铜电极；银-氯化银电极；铂丝电极等。

2. 药品　氧化铝抛光粉；碳酸氢钾；高纯二氧化碳。

四、实验步骤

1. 实验准备

（1）电解质溶液的配制

配制 0.1mol/L、0.2mol/L、0.3mol/L、0.4mol/L、0.5mol/L 的 $KHCO_3$ 的溶液。

（2）工作电极的处理

每次实验之前，对铜盘进行抛光，在 2.3V 的电压下，电极在 10∶5∶2（体积比）的 H_3PO_4∶H_2O∶H_2SO_4 混合物中进行电抛光，每次 30s，抛光 2 次。在 50mV/s 的扫描速率下，记录表面处理的稳定的伏安图。

（3）正芯单薄层电解池的组装

① 将工作电极铜电极（WE）、参比电极银-氯化银电极（RE）和对电极铂丝电极（CE）安装到 PEEK 池体上，插入工作电极（WE）时，确保工作电极（WE）与上池体平面处于同一平面。

② 将垫片沾附在装好电极的 PEEK 池体上，确保 PEEK 池体上三个电极均处在垫片的沟槽内。

③ 据垫片尺寸剪取合适大小的 PTFE 膜（阻水透气膜），然后将剪取的 PTFE 膜覆盖在下池体上（必须覆盖滤芯）。

④ 将装好电极的上池体与铺好 PTFE 膜的不锈钢底座用六个 M4-15 的螺丝拧紧。

⑤ 将组装好的池体安装在质谱仪的进样口，RE 连接电解液的进口，CE 连接电解液出口。

2. 质谱仪的操作

① 打开质谱仪前先检查粗调阀，确保粗调阀处于关闭状态。

② 分别开启前级泵与分子泵抽真空，一般当前级泵抽至 10^{-1} Mbar 时启动分子泵。法拉第杯检测器的真空要求为 10^{-5} Mbar，电子倍增器检测器的真空要求为 10^{-6} Mbar。如果没有在此真空要求下开启灯丝和倍增器，会损坏灯丝和倍增器。当仪器长时间没用时，前级泵隔膜泵中水汽含量高，可先单独运行前级泵 20～30min 预热排出水汽后再开启分子泵。

③ 双击选择检测器 SEM-MID。

④ 进入测量界面，单击 Edit 设置测试参数，测定乙烯 $m/z-26$、甲烷 $m/z=15$、二氧化碳 $m/z=44$、氢气 $m/z=2$ 的信号。

⑤ 设置完成后，确定压力正常，点亮灯丝。

⑥ 点击开始按钮，开始进行基线监测，直至基线平稳，约 20～30min。

3. 电化学与质谱联用测定多晶铜上 CO_2 还原产物

① 连接好电化学工作站与电化学微分薄层电解池。

② 向电解质溶液中通入二氧化碳气体 30min，至电解质溶液达到饱和。

③ 改变电极的电位从 0.0V 到－1.0V，扫速为 1mV/s，观察随着扫描电位的改变，甲烷（$m/z=15$）、乙烯（$m/z=26$）、氢气（$m/z=2$）、二氧化碳（$m/z=44$）对应的质谱信号的变化。

④ 改变电解质的浓度，在相同的电位观察质谱信号的变化。

五、数据记录与处理

根据测量的电化学数据和质谱数据绘制电位与质谱信号强度的关系曲线，分析不同电解质浓度对于产物的影响。

六、注意事项

1. 安装三电极时一定要使用对应尺寸的密封圈或密封垫。

2. 将垫片沾少量水，使其容易沾附在 PEEK 上池体平面上。

3. 对准上池体与下池体的螺丝孔，并用手按住底座与支架的连接处，防止垫片滑动导致垫片挡住电极或者 PTFE 膜不能覆盖住滤芯。

4. 微调阀第一次调节好后就不需要再次调节，除非重新更换膜探针。

5. 每次实验结束关闭粗调阀即可［法拉第杯检测器真空度建议设置在 $(1\sim5)\times10^{-5}$ Mbar］。

6. 旁抽阀可以调节旁抽抽气量的大小，从而影响响应时间和灵敏度，旁抽阀门开度越大，响应时间越快，系统灵敏度越低。

7. 每次测试前要保证真空度稳定。

8. 当操作者离开仪器 30min 以上，需要关闭粗调阀，确保仪器安全。

9. 测试过程中要时刻关注真空度，如果真空度突然异常，很可能是 PTFE 滤膜破损，有液体进入管路，需立刻关闭粗调阀，同时关闭灯丝和检测器，确保质谱仪安全。

10. 实验中使用的水均为超纯水。

七、思考题

1. 二氧化碳还原过程中的产物可能有哪些？
2. 甲烷、乙烯、氢气的生成电位分别是多少？
3. 实验过程中哪些因素会影响质谱信号的监测？
4. 改变电解质浓度是通过改变哪些因素影响质谱信号的？

实验六　热重-红外联用分析煤的热解特性

一、实验目的

1. 了解热分析仪-红外光谱仪联用的基本结构和测试操作；
2. 学习绘制 TG 和 DTG 曲线；
3. 理解和分析煤的热解过程。

二、实验原理

煤热解是煤气化、液化、燃烧和干馏等煤化工的基础。热重（TG）分析对煤热解反应的研究是用化学动力学的知识解析煤在惰性气氛下的失重曲线。由于煤的组成成分不同，在同一温度范围下各种物质彼此分解交迭，热重曲线只体现总体的失重情况，而不能反映热解产物的种类及其生成情况。因此，热重分析需要与其他分析方法联用才可以观察热解气体的逸出情况，气体分析可以是实时的或间断的，气相色谱（GC）分析被广泛用于间断检测气体逸出情况，而质谱（MS）和傅里叶红外光谱（FTIR）分析是常用的实时气体分析方法。通过对非等温热解过程的气体分析可以定性解释煤的热解行为。

本实验采用 TG-FTIR 联用技术研究煤的热解特性，研究煤热解产物分布、分解动力学和官能团组成。

三、仪器与药品

1. 仪器　德国 NBTZSCH STA 449 综合热分析仪；Bruker Equinox-55 型傅里叶红外光谱仪（FTIR）。

2. 药品　煤粉；Al_2O_3 坩埚。

四、实验步骤

1. 设置气体流量

打开仪器，设置和开启主机预热时的吹扫气体和保护气体流量：保护气体氩气流量为 20mL/min，吹扫气体氦气流量为 40mL/min。整机提前预热 1h。

2. 装样

准备两个洁净的空 Al_2O_3 坩埚，使用电子天平称量样品并记录原始质量（大约为

10mg)，打开炉体，将装有样品的坩埚放入仪器的样品位上，并在参比位放上一个空坩埚作为参比，关闭炉体。

3. 设置温度

设置升温速率为 30℃/min，煤样由室温升至 900℃。试样的质量大约为 10mg。FTIR 与热重分析仪之间用长 1.1m、内径 1.2mm 的特氟龙（teflon）管相连，所采用的分辨率是 $4cm^{-1}$，扫描 32 次。气体池和 teflon 管路的温度分别控制在 220℃和 200℃。

4. 初始化工作条件与开始测量

（1）点击“初始化工作条件”，内置的质量流量计将根据实验设置自动打开各路气体并将其流量调整到“初始”段的设定值。

（2）随后点击“查看信号”，调出相应的显示框。仪器状态应满足如下条件：①炉体温度与样品温度相近；②样品温度与设定起始温度相吻合；③TG 信号稳定，1min 内基本无漂移；④DTA 信号稳定。

（3）点击“开始”开始测量。

5. 测量完成

当有测量结束提示后，表示测量完成。点击“工具”菜单下的运行分析程序，将测量曲线调入分析软件中进行分析。

6. 关机

待炉体温度降至室温后，首先打开炉体，取出样品坩埚和参比坩埚，然后关闭炉体，关闭仪器和计算机，关闭气瓶。

五、数据记录与处理

1. 打开数据文件，显示 TG/DTA 与温度界面。
2. 切换时间/温度坐标，将横坐标切换为温度。
3. 对每一温度段分别进行处理与标注。
4. 点击选择“TG”曲线，隐藏其他曲线，对 TG 曲线进行平滑。
5. TG 曲线标注，包括失重台阶标注、残余质量标注、失重台阶的外推起始点（起始失重）标注。
6. 调出 TG 信号对应的 DTG 曲线。进行 DTG 曲线标注，即峰值温度标注。
7. 分析煤热解过程的 FT-IR 谱。
8. 分析红外吸收峰随温度变化的曲线，总结煤的热解特性。

六、思考题

1. TG 和 DTG 分析技术的基本原理是什么？
2. 从 TG 和 DTG 曲线上，能够获得煤热解的什么信息？

参考文献

[1] 范康年．谱学导论［M］．第 2 版．北京：高等教育出版社，2011.
[2] 于小波，沈文斌，相秉任．定量核磁共振技术及其在药学领域中的应用进展．药学进展［J]，2010，34（1)：17-23.
[3] 张烨，刘小鹏，张友杰．水溶性维生素核磁共振定量分析的研究．波谱学杂志［J]，2011，28（3)：357-365.
[4] 北京大学化学与分子工程学院分析化学教学组．基础分析化学实验［M］第 3 版．北京：北京大学出版社，2010.
[5] 陈培榕，李景虹，邓勃．现代仪器分析实验与技术［M］．第 2 版．北京：清华大学出版社，2006.
[6] 邢存章，吕海亮，段洪东．应用化学实验［M］．北京：化学工业出版社，2010.
[7] 熊方勋，吴少华，林伟刚．应用 TG-FTIR 研究鹤岗烟煤的热解特性［J］．电站系统工程，2006，22（5)：26-28.
[8] 中山大学．固相微萃取联用气相色谱-质谱法快速分析水中痕量苯系物．2022 全国大学生化学实验创新设计竞赛作品．
[9] 乐嘉炜，张德祥．低阶煤中小分子化合物的组成研究［J］．煤炭技术，2018. 37（5).
[10] 朱良漪．分析化学手册［M］．北京：化学工业出版社，1997.
[11] 张玉奎．分析化学手册（第六分册)［M］．第 2 版．北京：化学工业出版社，2016.
[12] 邓勃．原子吸收光谱分析的原理、技术与应用［M］．北京：清华大学出版社，2004.
[13] 邓勃．应用原子吸收与原子荧光光谱分析［M］．北京：化学工业出版社，2007.
[14] 陈治江，电感耦合等离子发射光谱法测定铅蓄电池极板中 14 种微量元素［J]，化学世界，1990，6：267-269.
[15] 李文友，丁飞．仪器分析实验［M］．北京：科学出版社，2021.
[16] 曾凡龙，徐同玉，白银娟．波谱分析实验［M］．北京：科学出版社，2021.
[17] 首都师范大学《仪器分析实验》教材编写组．仪器分析实验［M］．北京：科学出版社，2016.
[18] 胡坪，王月荣，王氢，等．仪器分析实验［M］．第 3 版．北京：高等教育出版社，2016.
[19] 谢少艾，方能虎，蔺丽．综合化学实验［M］．上海：上海交通大学出版社，2012.
[20] 陈国松，张长丽．仪器分析实验［M］．南京：南京大学出版社，2019.
[21] 张剑荣，余晓冬，屠一锋，等．仪器分析实验［M］．第 2 版．北京：科学出版社，1999.
[22] 武汉大学化学与分子科学学院实验中心．仪器分析实验［M］．武汉：武汉大学出版社，2005.
[23] 白玲，石国荣，王宇昕．仪器分析实验［M］．北京：化学工业出版社，2017.
[24] 郝春莉，庄峙厦．仪器分析实验［M］．大连：大连理工大学出版社，2018.
[25] 陈怀侠，仪器分析实验［M］．北京：科学出版社，2017 年．
[26] 方修忠，迟宝珠．仪器分析实验教程［M］．北京：科学出版社，2016.
[27] 浙江树人大学分析技术国家培训中心．现代仪器分析实验［M］．北京：化学工业出版社，2013.
[28] 董社英．现代仪器分析实验［M］．北京：化学工业出版社，2008.
[29] 郁桂云，钱晓荣．仪器分析实验教程［M］．上海：华东理工大学出版社，2015.
[30] 史永刚．仪器分析实验技术［M］．北京：中国石化出版社，2012.
[31] 中国科学技术大学化学与材料科学学院实验中心．仪器分析实验［M］．中国科学技术大学出版，2011.
[32] 陈国松，陈昌云．仪器分析实验［M］．南京：南京大学出版社，2015.
[33] 王亦军，吕海涛．仪器分析实验［M］．北京：化学工业出版社，2009.
[34] 王钰，杨思文，代语林．毛细管电泳法分离检测饮料中的防腐剂［J］．中国酿造，2014，33（4)：124-128.
[35] 陈宗保，刘林海，叶青．仪器分析实验［M］．上海：复旦大学出版社，2018.
[36] 张璐．硫化钠在金属电极电氧化过程中表面物种的原位拉曼光谱［D］．中国矿业大学，2018.

[37] Z Sun, MM Sartin, W Chen, et al. Stability of product generation during CO reduction on copper [J] . The Journal of Physical Chemistry C, 123. 35 (2019): 21467-21477.

[38] Clark, Ezra L., Alexis T. Bell. Direct observation of the local reaction environment during the electrochemical reduction of CO_2 [J] . Journal of the American Chemical Society, 140. 22 (2018): 7012-7020.

[39] Lum Y, Cheng T, Goddard, et al. Electrochemical CO reduction builds solvent water into oxygenate products [J] . Journal of the American Chemical Society, 140. 30 (2018): 9337-9340.

[40] Zou, Yuqin, Shuangyin Wang. An investigation of active Sites for electrochemical CO_2 Reduction Reactions: From In Situ Characterization to Rational Design [J] . Advanced Science, 8. 9 (2021): 2003579.

[41] Cao ChangSheng, Dong-DongGu, Jia-FangXie, et al. Metal-organic layers leading to atomically thin bismuthene for efficient carbon dioxide electroreduction to liquid fuel [J] . Angewandte Chemie, 132. 35 (2020): 15124-15130.

[42] Wang X, Xu A, Li F, et al. Efficient methane electrosynthesis enabled by tuning local CO_2 availability [J] . Journal of the American Chemical Society, 142. 7 (2020): 3525-3531.

[43] 孙东平，王田禾，纪明中，等．现代仪器分析实验技术［上、下］［M］．北京：科学出版社，2015.

[44] 孙尔康，张剑荣．仪器分析实验［M］．第 3 版．南京：南京大学出版社，2019.

[45] 胡坪，王氢．仪器分析［M］．第 5 版．北京．高教出版社，2020.

[46] 刘密新，罗国安，张新荣．仪器分析［M］．第 2 版．北京．清华大学出版社，2002.

[47] 叶宪曾，张新祥．仪器分析教程［M］．北京．北京大学出版社，2019.

[48] 邬建敏，沈宏，刘润，等．无机及分析化学［M］．第 3 版．北京．高等教育出版，2019.

[49] 吴性良，朱万森．仪器分析实验［M］．第 2 版．上海：复旦大学出版社，2008.